Martin Wehrle

# Geheime Tricks für mehr Gehalt

Ein Chef verrät,
wie Sie Ihren Chef überzeugen

GOLDMANN

Alle Ratschläge in diesem Buch wurden vom Autor und vom Verlag sorgfältig erwogen und geprüft. Eine Garantie kann dennoch nicht übernommen werden. Eine Haftung des Autors beziehungsweise des Verlags und seiner Beauftragten für Personen-, Sach- und Vermögensschäden ist daher ausgeschlossen.

Sollte diese Publikation Links auf Webseiten Dritter enthalten, so übernehmen wir für deren Inhalte keine Haftung, da wir uns diese nicht zu eigen machen, sondern lediglich auf deren Stand zum Zeitpunkt der Erstveröffentlichung verweisen.

 Dieses Buch ist auch als E-Book erhältlich

MIX
Papier aus verantwor-
tungsvollen Quellen
FSC® C014496

Verlagsgruppe Random House FSC® N001967

3. Auflage
Vollständige Taschenbuchausgabe November 2013
Wilhelm Goldmann Verlag, München,
in der Verlagsgruppe Random House GmbH
Neumarkter Str. 28, 81673 München
© 2003 Econ Verlag, Berlin
Umschlaggestaltung: Uno Werbeagentur, München
Umschlagillustration: FinePic®, München
Satz: Buch-Werkstatt GmbH, Bad Aibling
Druck und Bindung: GGP Media GmbH, Pößneck
BK · Herstellung: IH
Printed in Germany
ISBN 978-3-442-17428-7
www.goldmann-verlag.de

Besuchen Sie den Goldmann Verlag im Netz

# Inhalt

## Vergleich macht reich

## Prämie & Co.

## Teil II
## Das Gespräch zur Gehaltserhöhung

### Der Anlauf

## Der Widerstand

## Extra
## Das Vorstellungsgespräch

# Vorwort:

# Spion an der Gehaltsfront

Ich habe mich entschlossen, ein paar Geheimnisse aus dem Aktenkoffer zu lassen, die sonst unter Chefs bleiben. Sie werden bei Ihrer nächsten Gehaltsverhandlung davon profitieren – in barer Münze! Mein Bericht ist brisant. Hier schreibt, wenn Sie so wollen, ein Spion von der Front. Als Chef habe ich Gehälter verhandelt und mit anderen Chefs diskutiert, wie sie mit Gehaltsforderungen umgehen: sowohl mit Forderungen von Mitarbeitern, die mehr verdienen wollen, als auch mit Forderungen von Bewerbern, die ihr künftiges Gehalt verhandeln.

Ich habe hinter die Front geblickt und weiß genau, wie die Abwehr steht. Ich kenne alle Argumente, mit denen Sie nicht Ihr Gehalt in die Höhe, sondern nur Ihren Chef auf die Palme treiben. Aber ich kenne auch die Argumente, die Ihnen wie ein »Sesam-öffne-dich« den Weg zu mehr Gehalt frei machen. Ich werde Ihnen verraten, wie Sie Ihr Ziel erreichen.

Nur allzu oft steigen bei der Gehaltsverhandlung zwei ungleiche Partner in den Ring: hier ich, der Vorgesetzte, rhetorisch trainiert und auf der Chefseite des Tisches; da Sie, natürlich aufgeregt und mit schlechtem Gewissen, weil Sie mehr Geld wollen. Kein Wunder, dass mancher schon verloren hat, sobald er mit schlotternden Knien und gesenktem Blick das Chefbüro betritt.

Dabei ist es gar nicht so schwer, eine Gehaltserhöhung durchzusetzen – sofern Sie selbstbewusst auftreten und nicht mit der Tür ins Haus fallen, sondern die Erhöhung von langer Hand vorbereiten. Als Chef weiß ich: Schon an Ihrem ersten Arbeitstag in einer neuen Firma beginnt die Vorarbeit!

In acht Kapiteln führe ich Sie Schritt für Schritt zur Gehaltserhöhung. Ich zeige Ihnen, wie Sie den inneren Schweinehund überwinden und unverkrampft über Geld reden (Kapitel 1). Sie erfahren, wie Sie im Alltag die Saat für mehr Gehalt durch Eigenwerbung streuen (Kapitel 2), wie Sie Ihren Marktwert herausfinden (Kapitel 3) und welche Vorteile Ihnen »Prämie & Co.« bieten (Kapitel 4). Und schließlich verrate ich Ihnen, wie Sie die Verhandlung perfekt vorbereiten, durchziehen und alle Gegenargumente Ihres Chefs mit rhetorischem Geschick kontern (Kapitel 5, 6, 7 und 8).

Im abschließenden Kapitel geht es um die Gehaltsverhandlung im Vorstellungsgespräch. Ich erkläre Ihnen, wie Sie Ihren Traumjob bekommen, *indem* Sie sich teuer verkaufen. Als Chef ist mir durchaus klar, dass Spitzenmitarbeiter* auch Spitzenpreise kosten. Aber wie überzeugen Sie mich von Ihren Qualitäten? Was können Sie maximal fordern? Mit welchen Strategien glänzen Sie in (bis zu) drei Verhandlungsrunden?

Am Ende jedes Kapitels können Sie prüfen, wie gut Sie für Ihre Gehaltsverhandlung vorbereitet sind. Ein »Persönliches Ge-

---

* Meine Leserinnen mögen mir verzeihen, dass ich an einigen Stellen nur die männliche Form verwende. Natürlich sind Sie genauso gemeint, teils sogar im Besonderen (siehe »Wenn Frauen sich trauen«, Seite 24). Nur um den Lesefluss zu erhalten, habe ich auf Kunstwörter wie »Mitarbeiter/innen« verzichtet.

haltsthermometer« verrät Ihnen, ob Sie heiße Chancen bei Ihrem Chef haben – oder was Sie noch tun können, um die Aussichten zu steigern.

In jedem Fall müssen Sie lernen, mit dem Kopf des Chefs zu denken. Ihn, nur ihn, gilt es zu überzeugen! Ich habe dieses Buch aus der Perspektive des Abteilungsleiters oder Firmeninhabers geschrieben, damit Sie ein Gefühl dafür bekommen: Wie nimmt der Chef Sie, Ihre Argumente und Ihren Gehaltswunsch wahr? Wenn Sie wissen, wie er denkt, wissen Sie auch, was ihn überzeugt – und haben es leicht, Ihre Forderung durchzusetzen.

Sie fragen sich, ob ich mir als Chef keinen Ärger einhandle, wenn ich so tief aus dem Nähkästchen plaudere und mich auf Ihre Seite schlage? Eigentlich schon. Aber inzwischen bin ich kein angestellter Chef mehr, wie zuletzt in einem Großkonzern, sondern mein eigener. Deshalb kann ich mir die Wahrheit erlauben – zu Ihrem Vorteil!

# Teil I

# Auf dem Weg zum Gehaltsgespräch

# Mut bringt Gehalt:
# Überwinden Sie den inneren Schweinehund

## Die Gehaltserhöhung – ein Weg zum Reichtum

Wer sich nicht traut, nach mehr Gehalt zu fragen, hat tausend Ausreden. Mancher sagt sich: »150 Euro mehr im Monat – was ist das schon?« Das sind, um genau zu sein, 1800 Euro im Jahr. Das sind, um noch genauer zu sein, 18 000 Euro in zehn Jahren. Und das sind, auf 30 Jahre gerechnet, 54 000 Euro.

Und nehmen wir an, Sie geben sich nicht mit einer Gehaltserhöhung zufrieden, sondern setzen alle zwei Jahre eine Forderung von 150 Euro durch: Dann sprechen wir, auf zehn Jahre gerechnet, bereits von 54 000 Euro; auf 30 Jahre sogar von 432 000 Euro. Und wenn Sie jetzt noch Zinsen auf das Geld addieren, sind Sie einer Million nicht mehr fern.

Viel Geld, das Ihnen durch die Lappen geht, wenn Sie nicht immer wieder nach einer Gehaltserhöhung fragen! Und viel Geld, das ich als Chef spare! Dabei sprechen wir wirklich von einer moderaten Gehaltserhöhung – 150 Euro alle zwei Jahre!

Aber es geht nicht nur um den schnöden Mammon, es geht auch um Gerechtigkeit. Jeder will bekommen, was er verdient. Oder wie fühlen Sie sich, wenn Sie wissen, dass Ihr nassforscher

Kollege für dieselbe Arbeit ein Drittel mehr Gehalt bekommt, obwohl er sie schlechter macht? Was geht in Ihnen vor, wenn Sie von Bekannten erfahren, dass Ihre Leistung in anderen Firmen wesentlich besser vergütet würde?

Solche Dämpfer können Ihnen Ihr größtes Kapital rauben, mit dem sich auch bei einer Gehaltsverhandlung wuchern lässt: Ihre Freude an der Arbeit. Sie ist stets der Motor, der hinter einer guten Leistung steht.

Oft verdienen schlechte Mitarbeiter, die viel Wind um sich machen, mehr als gute, die ihre Arbeit im Stillen tun! Natürlich habe ich als Chef keine Veranlassung, diesen Zustand aus eigener Initiative zu ändern. Solange ich nichts anderes von Ihnen höre, darf ich davon ausgehen, dass Sie mit Ihrem Gehalt zufrieden sind.

Aber wer wagt es schon! Nur ein Drittel aller Mitarbeiter traut sich überhaupt, mehr Geld von mir zu fordern. Diese Mutigen haben, wenn sie es geschickt anstellen, natürlich gute Aussichten – ich spare ja beim »bescheidenen« Rest!

**HÜRDE** »Eine kleine Gehaltserhöhung macht mich nicht reich – was sind schon 150 Euro im Monat ...«
**SPRUNG** Rechnen Sie nach! Das sind, wenn der Chef alle zwei Jahre erhöht, in 30 Jahren fast 450000 Euro!

## Über Geld spricht man nicht? Tun Sie's doch!

Was passiert bei einer Gehaltsverhandlung? Nüchtern betrachtet treffen sich zwei Geschäftsleute, ich und Sie. Der eine vergibt Arbeit und will dafür möglichst wenig zahlen. Der andere nimmt Arbeit an und will möglichst viel dafür bekommen. Diese unterschiedlichen Interessen machen eine Verhandlung nötig. Das ist die natürlichste Sache der Welt.

Wie kommt es dann, dass sich viele Menschen so schwer mit einer Gehaltsforderung tun? Schuld ist die »gute Erziehung«! Haben Sie nicht auch von den Eltern gelernt: »Über Geld spricht man nicht!«, oder: »Man muss froh sein, wenn man Arbeit hat«? Auf diesem Boden gedeiht ein schlechtes Gewissen. Wer eine Gehaltserhöhung oder ein angemessenes Einstiegsgehalt will, kommt sich oft vor, als würde er mir als Chef das letzte Hemd vom Leib reißen.

Wenn wir Vorgesetzten unter uns sind, lachen wir herzhaft über diese Vorstellung. Wenn es eines gibt, was uns nicht peinlich ist, dann das Feilschen um mehr Gehalt. Nur weil wir diese Kunst beherrschen, hat unsere eigene Vergütung luftige Höhen erreicht; ein Abteilungsleiter kassiert im Jahr etwa 80 000 Euro, ein Geschäftsführer noch deutlich mehr.

Natürlich schätze ich es als Ihr Vorgesetzter, wenn auch Sie in der Lage sind, für Ihre eigenen Interessen einzutreten. Wie sollten Sie sonst fähig sein, die Interessen meiner Abteilung oder meines Unternehmens nach außen zu vertreten?

Wer sich eine Gehaltsforderung verkneift, um bei mir nicht in Ungnade zu fallen, erreicht genau das Gegenteil! In meinen Chef-Seminaren heißt es: »Einen guten Mitarbeiter erkennen

Sie daran, dass er sich so verhält, als sei er selbst Unternehmer.«
Aber kein Unternehmer arbeitet jahrelang für dasselbe Geld, obwohl er seine Leistung verbessert! Und Sie erledigen Ihre Arbeit doch mit wachsender Erfahrung immer schneller und zuverlässiger – oder etwa nicht? Und bestimmt haben Sie Ihre Aufgaben seit unserer letzten Verhandlung ausgebaut! Wer nie nach einer Gehaltserhöhung fragt, gerät schnell in den Verdacht, dass seine Leistung keinen Anlass dazu gibt.

Außerdem: »In Ungnade fallen« klingt so, als sei ich der König, Sie der Sklave. Dabei sind wir gleichberechtigte Partner, die beide voneinander profitieren wollen. Ich beschäftige Sie, weil ich kalkuliert habe, dass mir Ihre Leistung mehr Geld bringt, als ich am Monatsende an Sie überweise. Sobald diese Rechnung für mich nicht mehr aufgeht, wackelt Ihr Stuhl. Uns verbindet keine Freundschaft, sondern ein Geschäftsverhältnis.

Und wie ich das Recht habe, meinen Nutzen zu kalkulieren, so haben Sie das Recht, für Ihren Vorteil einzutreten. Eine Gehaltsforderung ist die natürlichste Sache der Welt. Ich habe keinen Grund, Ihnen deshalb böse zu sein. Falls ich trotzdem tobe, hat das nur taktische Gründe (siehe »Bosse, die knurren, geizen nicht«, Seite 22).

**HÜRDE** »Wenn ich mehr Geld will, wird mein Ansehen beim Chef sinken!«
**SPRUNG** Der Chef weiß: Nur wer selbstbewusst für die eigenen Interessen kämpft, tritt gegenüber Geschäftspartnern auch selbstbewusst für die Firma ein.

## Der Chef spart, indem er Ihr Gehalt erhöht!

Wenn Sie mehr Geld fordern – warum sollte ich Sie dann in meiner Firma halten? Es gibt nur einen Grund: um Geld zu sparen! Mag sein, das klingt unlogisch in Ihren Ohren – aber es ist die Wahrheit, nichts als die Wahrheit!

Nun werde ich Ihnen ein großes, vielleicht das größte Chefgeheimnis verraten – wenn Sie es kennen, werden Sie in die nächste Gehaltsverhandlung mit aufrechtem Gang schreiten, nicht als gebeugter Bittsteller.

Also: Überlegen Sie mal, was passiert, wenn ich Ihre Gehaltsforderung ablehne? Womöglich verlassen Sie das Unternehmen. Dann entsteht ein Loch, das ich stopfen muss. Vielleicht sogar ein großes Loch, weil Sie sich über Jahre eingearbeitet haben und perfekt mit Kunden und Kollegen harmonieren.

Ich suche also einen neuen Mitarbeiter für Ihren Arbeitsplatz. Ich schalte ein Inserat (kostet!). Ich arbeite mich durch einen Stapel von Bewerbungen und diktiere die Antworten (kostet Zeit!). Fünf Bewerber reisen zum Vorstellungsgespräch an (kostet!). Ich führe Erst- und Zweitgespräche (kostet Zeit!).

Den neuen Mitarbeiter werbe ich womöglich aus einem bestehenden Vertrag ab (kostet!). An seinem ersten Tag bekommt er vielleicht mehr Gehalt als Sie an Ihrem letzten. Trotzdem ist er, im wahrsten Sinne, ein Anfänger – zumindest auf Ihrem Arbeitsplatz! Etliche Mitarbeiter müssen ihn einarbeiten (kostet Zeit!). Ich schicke ihn auf Fortbildungskurse (kostet!). Über Monate muss ich jene Arbeiten, auf die ich mich bei Ihnen blind verlassen konnte, kontrollieren und korrigieren (kostet Zeit!).

Und wer garantiert mir, dass der Neue die Arbeit jemals so gut wie Sie macht? Wer garantiert mir, dass er ins Team passt? Am Ende muss ich ihn vielleicht entlassen, und der ganze Zauber geht von vorne los (kostet Geld, Zeit und vor allem Nerven!).

Tatsächlich ist eine Gehaltserhöhung für mich als Chef oft der billigste, immer aber der bequemste Weg, um das Getriebe meiner Firma am Laufen zu halten.

Natürlich binde ich Ihnen dies nicht auf die Nase, sonst wissen Sie, wie gut das Blatt auf Ihrer Hand ist – und spielen es zu Ihrem Vorteil aus!

**HÜRDE** »Der Chef wird mich ziehen lassen, statt mir mehr Gehalt zu geben.«
**SPRUNG** Die Einstellung eines neuen Mitarbeiters kostet viel Geld und ist riskant. Eine Gehaltserhöhung kommt den Chef meist billiger.

## Bosse, die knurren, geizen nicht

Bestimmt haben Sie schon von Kollegen gehört, dass ich meinen Etat wie ein bissiger Hofhund gegen Gehaltsforderungen verteidige. Als Begleitmusik zu diesem Kläffen stimme ich das Klagelied von der schlechten Geschäftslage an, alle Strophen vom erschöpften Etat, den Vorgaben des Tarifs, den Fesseln durch die interne Gehaltsstruktur und so weiter. (Was es damit wirklich auf sich hat, darauf komme ich später zurück.)

Und wozu das ganze Theater? Weil ich den Ehrgeiz habe, Ihre Gehaltsforderung abzuwehren – ganz egal, ob sie berechtigt ist oder nicht. Vergessen Sie nicht: In rhetorischen Schlachten bin ich geübt. Wie oft stehen Mitarbeiter, Lieferanten und Kunden bei mir auf der Matte und feilschen um Geld! Und wissen Sie eigentlich, wie viele Seminare in freier Rede, Verhandlungstaktik und Mitarbeiterführung ein durchschnittlicher Chef im Lauf seiner Karriere besucht?

Sie haben es also mit einem Verhandlungspartner zu tun, der nicht rein sachlich, sondern vor allem taktisch vorgeht. Das gehört zu meinem Job. Malen Sie sich aus, ich würde auf Ihre Gehaltsforderung direkt und ehrlich sagen: »Kein Problem, Sie sind das Geld wert!« Dann würden Sie denken: »Ich habe wohl zu wenig gefordert!« Womöglich klopfen Sie in sechs Monaten wieder bei mir an. Oder, schlimmer noch, Sie verbreiten in der Firma, dass man mit Gehaltsforderungen bei mir offene Türen einrennt.

Besser ist es für mich, wenn ein Mitarbeiter dem anderen flüstert: »Eher kommst du an einem bissigen Hofhund vorbei, als beim Chef mit einem Gehaltswunsch zu landen!« Werten Sie mein Knurren und Kläffen zu Ihrer Forderung also nicht als moralische Empörung, sondern als Betriebsgeräusch – und lassen Sie sich davon nicht abschrecken!

**HÜRDE** »Der Chef geht in die Luft, wenn ich mehr Gehalt will!« **SPRUNG** Diese Empörung ist oft Taktik und darf Sie nicht einschüchtern. Der Chef will zeigen, wer die Hosen anhat – auch wenn er innerlich zu einem Ja bereit ist.

## Wenn Frauen sich trauen

Stellen Sie sich meinen Gehaltsetat wie einen Kuchen vor, den ich nicht zuletzt nach folgendem Prinzip verteile: Wer zuerst »Hunger!« schreit, bekommt ein Stück – so lange der Vorrat reicht. Aber bis eine Frau es wagt, mehr Gehalt zu fordern, haben gewöhnlich drei bis vier Männer zugeschlagen. Und der Etat ist abgeräumt.

So ziehen die Gehälter der männlichen Kollegen, die schon beim Einstieg höher sind, mehr und mehr davon. In einigen Branchen gehen die Mitarbeiterinnen mit einem Drittel weniger nach Hause.

Dabei hätten Frauen allen Grund, sich teuer zu verkaufen! Ihre Schul- und Studienabschlüsse nehmen es locker mit denen der männlichen Kollegen auf. Oft arbeiten sie besonders zielgerichtet und zuverlässig, gehen konstruktiv mit Kunden und Kollegen um, glänzen durch emotionale Intelligenz und machen sogar auf halben Stellen einen ganzen Job. Aber was Sie als Frau verdienen, hängt vor allem davon ab, wie teuer Sie Ihre Leistung verkaufen. Und hier können sich Ihre großen Vorzüge, etwa dass Sie einfühlsam und teamorientiert sind, als riesige Stolpersteine erweisen.

Viele Frauen scheuen Eigenlob und übertünchen ihre Spitzenleistung mit der Tarnfarbe der Bescheidenheit. Das Feilschen um Geld scheint ihnen unangenehm. Manchmal habe ich sogar das Gefühl, sie wollen *mir* die scheinbar peinliche Situation ersparen. Das mag ein charakterlicher Vorzug sein, aber wohin führt er? Wenn Sie nicht fordern, müssen Sie nehmen, was ich freiwillig gebe. Also ziemlich wenig.

Wenn ich Sie als Frau engagiere, dann sicher deshalb, weil Sie für den offenen Posten besser als die männlichen Mitbewerber geeignet sind. Aus welchem Grund sollten Sie sich, wie in der Praxis üblich, als erste Wahl mit einem Gehalt begnügen, das unter dem der (männlichen) zweiten Wahl liegt? Zumal mein Etat ja auch für einen Mann reichen müsste!

Vergessen Sie nicht, dass wir Chefs – übrigens auch die Chefinnen! – keine Gleichstellungsbeauftragten sind, sondern kühle Rechner. Es ist Ihre Sache, für Gerechtigkeit zu sorgen. Verlangen Sie das, was Sie wirklich wert sind! So steigern Sie Ihr Gehalt und gewinnen meinen Respekt: Bestimmt können Sie sich ebenso gegenüber (männlichen) Kunden und Geschäftspartnern durchsetzen. Davon profitiere ich!

Ihre Chancen auf eine Gehaltserhöhung stehen gut, gerade wenn Ihr Ausgangsgehalt noch Luft nach oben lässt. In Gedanken werde ich Sie natürlich mit den männlichen Kollegen vergleichen, und das kann sehr zu Ihrem Vorteil sein. Auch kommt es nicht allzu häufig vor, dass eine Frau mit großer Bestimmtheit eine Gehaltserhöhung fordert – wenn doch, habe ich die Erfahrung gemacht, dass sie meist gute Gründe hat.

Fordern Sie klar und zeitig: Je deutlicher und je eher Sie »Hunger!« rufen, desto größer die Chance, dass ich Ihnen ein schönes Stück des Etatkuchens mit Ihrer nächsten Abrechnung servieren kann.

**HÜRDE** »Als Frau werde ich schlechter bezahlt. Das hat traditionelle Gründe und ist so schnell nicht zu ändern.«
**SPRUNG** Der Chef unterscheidet in erster Linie nicht nach Geschlecht, sondern danach, wie sich eine Arbeitskraft verkauft. Fordern Sie das, was Sie wert sind – ohne »Frauenrabatt«!

## Persönliches Gehaltsthermometer:
## Bringen Sie es selbstbewusst über die Lippen?

Testen Sie, ob Ihre Einstellung für ein Gehaltsgespräch stimmt. Beantworten Sie die folgenden Fragen, indem Sie jeweils die Antwort ankreuzen, der Sie am ehesten zustimmen können.

### 1. Hat Ihr Chef Grund dazu, sauer zu sein, wenn Sie mehr Gehalt fordern?

a) Eigentlich schon. Schließlich will ich jetzt mehr, als wir vertraglich vereinbart haben.

b) Nein, als Geschäftsmann weiß er: Mit der Leistung muss das Gehalt wachsen. Daher kann er mir meine Forderung nicht krumm nehmen.

c) Na ja, er wird nicht begeistert sein, aber damit muss ich leben. Allerdings gehe ich davon aus, dass das Vertrauen zwischen uns leidet.

### 2. Wie kann es sich auf Ihr Ansehen beim Chef auswirken, wenn Sie nie nach einer Gehaltserhöhung fragen?

a) Der Chef schätzt mich besonders, denn Bescheidenheit ist eine seltene Tugend.

b) Es ist zu befürchten, dass mich der Chef neben Kollegen übersieht, die ihre Leistung offensiv verkaufen. Irgendwann gehöre ich, zumindest dem Gehalt nach, zur zweiten Garde.

c) Der Chef hält mich für besonders loyal, aber ich laufe Gefahr, dass er meine Leistung als selbstverständlich hinnimmt und sie nicht entsprechend belohnt.

**3. Welche Eigenschaften beweisen Sie, wenn Sie ein kluges Gehaltsgespräch führen?**

a) Ich zeige Geldgier. Diese Eigenschaft dürfte dem Chef zwar nicht ganz fremd sein, aber bei anderen duldet er sie kaum.

b) Ich kann Selbstvertrauen und Verhandlungsgeschick zeigen. Beides wünscht sich der Chef, weil ich nur so die Interessen der Firma nach außen vertreten kann.

c) Ich demonstriere Selbstvertrauen, das der Chef jedoch wahrscheinlich als »Selbstüberschätzung« interpretieren wird.

**4. Angenommen, Sie verlassen das Unternehmen und Ihre Stelle muss neu besetzt werden – was bedeutet das für Ihren Chef?**

a) Er stellt heute jemanden ein, und morgen geht alles seinen gewohnten Gang.

b) Der Chef hat Arbeit und Kosten, bis er jemanden findet. Und es ist ungewiss, ob die neue Arbeitskraft mich wirklich ersetzen kann. Letztlich kommt es ihn günstiger, mein Gehalt zu erhöhen.

c) Der Chef hat erst einmal Arbeit, weil er jemanden suchen muss. Das kann dauern, aber dann bin ich völlig ersetzt, und alles läuft wie bisher.

**5. Als Frau wollen Sie mehr Gehalt fordern. Wie sehen Sie Ihre Aussichten, verglichen mit einem männlichen Kollegen?**

a) Eher schlecht. Untersuchungen belegen, dass Frauen generell weniger bekommen.

b) Eher gut. Zum einen, weil mein Gehalt vielleicht mehr Luft nach oben lässt. Zum anderen, weil Frauen nicht allzu oft mit Bestimmtheit fordern. Wenn doch, nimmt's der Chef ernster.

c) Meine Chancen sind ungefähr gleich gut, allerdings nur bei einer Chefin. Männliche Chefs neigen dazu, das eigene Geschlecht zu bevorzugen.

**Auswertung:**

Welchen Buchstaben haben Sie am häufigsten angekreuzt? Dann steht das Gehaltsthermometer für Sie so:

a) **Eiskalt:** Noch fehlt Ihnen das nötige Selbstbewusstsein. Sie unterschätzen sich und überschätzen die Position des Chefs.

b) **Heiß:** Sie bringen das nötige Selbstvertrauen mit, sehen Ihre Gehaltsforderung als berechtigtes Anliegen. Mit guten Argumenten und einer guten Taktik werden Sie Ihren Chef überzeugen.

c) **Lauwarm:** Sie sind auf dem richtigen Weg, die Gehaltsforderung als Ihr gutes Recht zu begreifen. Wenn jetzt noch der letzte Knoten des Zweifels platzt, haben Sie gute Chancen.

# Eigenlob stimmt:

# Streuen Sie die Saat für Ihre Gehaltserhöhung

## Weiß Ihr Vorgesetzter, was Sie wert sind?

Nehmen wir an, Sie sind ein bescheidener Mensch. Einer, der viel leistet, aber wenig darüber spricht. Wer garantiert Ihnen dann, dass ich als Chef überhaupt Ihren Wert kenne? In mein Büro stürmen stets die Windmacher, die Trommler, die Lauten. Sie ergreifen das Wort in den Konferenzen, schwärmen ganze Hausmitteilungen lang von Ihren eigenen Leistungen. Und manche laden mich nach Feierabend auch noch zum Golfen ein.

Diese Mitarbeiter fallen mir auf! Natürlich fehlt mir die Zeit, jedem auf den Zahn zu fühlen und vielleicht dabei zu merken, wie hohl er ist. Bei mir bleibt nur der Eindruck hängen: Diese Mitarbeiter sind aktiv. Stehen sie bei mir auf der Matte und wollen eine Gehaltserhöhung, bin ich darauf gefasst.

Aber Sie? Sie nutzen Ihre Zeit vielleicht so, wie es eigentlich sein soll, nämlich fürs Arbeiten. Da bleibt wenig Zeit fürs Trommeln und Schaulaufen. Und je besser Sie arbeiten, je reibungsloser alles über Ihren Schreibtisch läuft, je weniger Sie kontrolliert und korrigiert werden müssen – desto mehr versinken Sie in Unauffälligkeit. Das ist ungerecht, aber wahr.

Nach Studien aus den USA werden Mitarbeiter nur zu zehn Prozent nach ihrer wahren Leistung eingeschätzt – doch zu 90 Prozent danach, wie sie sich verkaufen!

»Aber«, werden Sie sagen, »ich kann doch in einem Gehaltsgespräch belegen, was ich alles leiste.« Also gut, malen Sie sich die Situation aus: Ich habe Sie bisher kaum zur Kenntnis genommen, jetzt aber stellen Sie sich als ganz tollen Hecht dar (der Sie natürlich auch sind!). Kommt ein bisschen plötzlich für mich, nicht wahr? Und woher weiß ich, ob Sie nicht zu dick auftragen, wie all die Schaumschläger, die mich täglich umschwänzeln?

Auch wenn in vielen klugen Büchern steht, es sei der Joker schlechthin, im Gehaltsgespräch besondere Leistungen zu belegen: Ein Vorurteil, das in Jahren gewachsen ist, lässt sich nicht in Minuten einreißen. Zumal ich als Chef dann ja zugeben müsste, dass ich nicht alles im Blick habe – und daran denke ich nicht einmal im Traum!

Die Gehaltsverhandlung fängt nicht erst an, wenn Sie meinen Raum betreten. Als kluger Mitarbeiter geben Sie den Startschuss schon an Ihrem ersten Arbeitstag. Streuen Sie die Saat vor meinen Augen, machen Sie mich darauf aufmerksam, wie sie wächst – und laden Sie mich dann zum »Erntedankfest« ein, dem Tag Ihres Gehaltsgesprächs.

**HÜRDE** »In der Gehaltsverhandlung werde ich dem Chef endlich zeigen, was ich alles leiste!«

**SPRUNG** Sorgen Sie dafür, dass der Chef Ihre Leistung vom ersten Arbeitstag an richtig einschätzen kann. Nur eine Saat, die lang genug in der Erde ist, geht im Gehaltsgespräch wirklich auf.

## So wird der Chef im Leistungsgespräch Ihr Gönner

Viele Mitarbeiter zucken zusammen, wenn ich sie ein- oder zweimal im Jahr zum Leistungsgespräch lade: Ich könnte ihnen ja die Leviten lesen, mich an Fehlern hochziehen, über ihre Arbeit meckern. Dabei ist das Mitarbeitergespräch in Wirklichkeit keine Bedrohung, sondern eine Chance für Sie – und zwar gleich eine dreifache:

- Sie haben die Gelegenheit, Werbung in eigener Sache zu machen: Stellen Sie mir Ihre Leistung sachlich, aber ohne falsche Bescheidenheit dar.
- Sie erfahren, wie ich Ihre Leistung im Moment sehe – stimmen Ihr Eigen- und mein Fremdbild überein?
- Sie können herausfinden, was Sie in Zukunft unternehmen müssen, damit Ihr Kurs bei mir weiter steigt – und mit ihm die Chance auf eine Gehaltserhöhung.

Das Mitarbeitergespräch beginnt meist damit, dass ich Ihnen die Gelegenheit gebe, Ihre Lage zu schildern. Natürlich werden Sie jetzt nicht ausführlich von einem kleinen Fehler berichten, der Ihnen im Lauf des Jahres passiert ist. Stattdessen stellen Sie, sorgsam vorbereitet, Ihre Erfolge dar.

Welche Projekte haben Sie gut über die Bühne gebracht? Wie haben Sie es geschafft, die Schwierigkeiten zu überwinden? Haben Sie Kunden zufrieden gestellt, neue gewonnen? Haben Sie zusätzlich zu Ihrer Kernarbeit weitere Aufgaben übernommen? Wie sah es aus mit Urlaubs- und Krankheitsvertretungen? Haben Sie neue Kollegen eingearbeitet, der Firma Geld gespart, das Klima im Team verbessert (und zwar nicht nur bei der Betriebsfete!)?

Fassen Sie sich unbedingt kurz, jammern Sie nicht, sondern machen Sie aus Ihrer Freude an der Arbeit keinen Hehl. Natürlich will ich mich nicht als Sklaventreiber fühlen, sondern als großherziger Samariter, der Ihnen die dankenswerte Gelegenheit zur Mitarbeit in einer tollen Firma gibt. Stellen Sie sich aber als getreten und geschunden dar, ärgere ich mich über Sie, weil es solche Zustände unter einem guten Chef natürlich nicht gibt – und Ihre Gehaltserhöhung rückt damit in weite Ferne.

Was im Mitarbeitergespräch besonders wichtig ist: Hören Sie hin, wie ich Sie sehe! Gehe ich ein auf das, was Sie gesagt haben? Sage ich Sätze wie »Es ist mir *auch* angenehm aufgefallen, dass Sie …«? Habe ich Ihre Leistungen im Kern erfasst? Stimmt Ihr Selbstbild mit dem Fremdbild überein, das ich als Chef von Ihnen habe? Wenn nein – wo liegen die Unterschiede?

Spitzen Sie vor allem bei Kritik die Ohren. Manchmal schicke ich ihr aus pädagogischen Gründen ein Lob voraus, doch der Nebensatz enthält das Eigentliche: »Mit Ihrer Arbeit bin ich im Großen und Ganzen zufrieden, aber dass Sie immer unpünktlich sind, will mir nicht gefallen …«

Alarmstufe rot! Die Formulierung »im Großen und Ganzen zufrieden« lädt Sie zum Nachfassen ein: Was müsste geschehen, damit ich »völlig zufrieden« wäre? Und was Ihre Unpünktlichkeit betrifft und die aus Ihrer Sicht natürlich ungerechte Unterstellung, Sie seien »immer unpünktlich« (dabei passiert's doch nur zweimal im Monat!): Nehmen Sie den Vorwurf ernst und entziehen Sie ihm den Boden! Solche Bemerkungen in Nebensätzen sind nur die Spitze des Eisbergs – bis die nach oben kommt, habe ich mich schon sehr geärgert!

Ich habe Chefkollegen erlebt, die fleißige Mitarbeiter in deren Abwesenheit nicht beim Namen nannten – sondern mit Bezeichnungen wie »Der Unpünktliche« oder »Der Chaot« belegten. Und wer würde schon einem Unpünktlichen oder einem Chaoten eine Gehaltserhöhung gewähren?

Bieten Sie von sich aus an, wenn wir (Jahres-)Ziele festlegen, dass Sie alles tun werden, um die Schwachpunkte auszumerzen. Aber stellen Sie noch einmal Ihre Erfolge daneben, damit das kleine Negative nicht schwerer als das große Positive wiegt.

Und vergessen Sie nicht: Den Boden, auf dem Ihre Gehaltserhöhung wachsen soll, machen Sie nicht allein durch Leistung fruchtbarer – sondern auch dadurch, dass Sie sie im Alltag gut verkaufen. Davon handelt das nächste Kapitel.

**HÜRDE** »Der Chef hat mich im Leistungsgespräch zwar ein wenig kritisiert, aber nur in einem Nebensatz. Kein Grund zur Panik …«

**SPRUNG** Spitzen Sie bei jedem kritischen Wort die Ohren. Kritik von heute ist Lob und Gehaltserhöhung von morgen – wenn Sie ihr den Grund entziehen!

## Eigenlob stimmt – der Alltag ist Ihre Bühne

Ist Ihnen das schon einmal aufgefallen: Solange Sie Ihre Arbeit perfekt machen, solange alles glatt läuft, solange kein Fehler auftaucht – so lange wird über Ihre Arbeit kaum gesprochen. Aber was geschieht beim kleinsten Fehler? Schon stehe ich als Chef bei Ihnen auf der Matte und lese Ihnen die Leviten.

So bleibt in meinem Kopf ein unrealistisches Bild hängen. Im Gehaltsgespräch erinnere ich mich vielleicht nur noch daran, dass Sie derjenige sind, »der damals den Fehler ...«

Wenn ich schreibe: »Über Ihre Arbeit wird kaum gesprochen«, sollte Ihnen das zu denken geben. Wer, frage ich Sie, sollte über Ihre Leistungen sprechen, sie immer wieder ins Licht rücken, wenn nicht Sie selbst? Sie sind es doch, der den Boden für eine Gehaltserhöhung bereiten will! Ich als Ihr Chef habe ganz andere Sorgen. Aber wie machen Sie mich auf Ihre Leistungen und Erfolge aufmerksam?

Eine gute Gelegenheit, den Scheinwerfer auf Ihre Leistung zu richten, sind Meetings. Bestimmt nimmt die Zahl der Besprechungen auch in Ihrer Firma zu. Und wahrscheinlich nehmen Sie eher lustlos an ihnen teil, weil Sie zu den Menschen gehören, die lieber arbeiten, als nur von der Arbeit zu sprechen (um am Ende doch nichts zu tun!).

Dabei ist jedes Meeting eine Chance für Sie, den Boden für mehr Gehalt zu bestellen! Sobald Sie das Wort ergreifen, gehört alle Aufmerksamkeit Ihnen, natürlich auch meine; Sie können im wahrsten Sinne Ihr »Ansehen« steigern.

Bevor Sie in Aktion treten, sollten Sie einmal die einzelnen Teilnehmer und Ihr Verhalten beobachten. Was stellen Sie dabei fest? Gute Selbstverkäufer backen aus jedem Leistungskrümel eine Sahnetorte und fahren Anerkennung ein. Bescheidene Mitarbeiter dagegen fassen ihre Alltagsarbeit als selbstverständlich auf – und erwähnen sie gar nicht oder nur im Tonfall »Habe ich zwar gemacht, aber war ja nichts Besonderes ...«

Nutzen Sie das Vorfeld solcher Auftritte, um sich gründlich vorzubereiten. Erkennen Sie erst, was Sie geleistet haben. Picken Sie dann heraus, was für alle interessant ist und zum Anlass passt. Und stellen Sie es schließlich ohne falsche Bescheidenheit dar.

Zum Beispiel könnten Sie kurz ein Problem schildern, dann den Weg, wie Sie es gelöst haben, und abschließend den Vorteil, den die Firma dadurch hat. Ist Ihre Erfahrung nützlich für andere Mitarbeiter oder andere Abteilungen? Dann arbeiten Sie diese Nutzanwendung heraus. Sobald Ihre Zuhörer den eigenen Vorteil wittern, werden sie die Ohren aufsperren.

Natürlich können Sie sich auch direkt an mich als Chef wenden. Informieren Sie mich zum Beispiel regelmäßig über den Stand wichtiger Projekte und vergessen Sie nicht hervorzuheben, welche Schwierigkeiten Sie bewältigt haben. Aber fassen Sie sich kurz, gehen Sie nicht zu sehr ins Detail – bei mir soll nur hängen bleiben: »Dieser Mitarbeiter tut etwas für mich. Er hat seine Sache im Griff. Auf ihn kann ich mich verlassen.«

Rufen Sie mir wichtige Informationen aber nicht zwischen Tür und Angel zu, sondern vereinbaren Sie einen zeitlich begrenzten Termin. Mit einer halben Stunde bringen Sie mich in Verlegenheit, aber fünf bis zehn Minuten habe ich immer. In dieser Zeit gehört mein Ohr Ihnen, nur Ihnen – und ich höre all Ihre Saatkörner für eine Gehaltserhöhung fallen.

Manche Chefs lieben es schriftlich. Scheuen Sie sich also nicht, Hausmitteilungen über Neuigkeiten und Erfolge in Ihrem Bereich zu schreiben. Und setzen Sie bei wichtigen Briefen und E-Mails mich als Chef mit auf den Verteiler.

Zum Abschluss ein ganz spezieller Tipp: Was Sie über Ihre Leistung sagen, nehme ich schon ernst. Noch schwerer wiegt aber das Wort eines neutralen Dritten. Nehmen wir an, ein wichtiger Kunde sagt Ihnen, er sei mit Ihrer Leistung hochzufrieden – warum ihm nicht einen kleinen Wink geben, ob er das dem Chef mal sagen oder schreiben kann? Natürlich werde ich stolz auf Sie sein, denn das Lob fällt auf mich zurück, das Geld bleibt in der Kasse der Firma hängen.

Und jetzt malen Sie sich aus, was passiert, wenn mir ein solches Lob über Sie nicht nur einmal, sondern immer wieder zu Ohren kommt! Dann wird der Boden für Ihre Gehaltserhöhung fruchtbarer und fruchtbarer – und Sie dürfen sich auf den großen Tag der Ernte freuen!

**HÜRDE** »Ich bin fleißig, aber häng meine Leistung nicht an die große Glocke. Der Chef wird schon mitkriegen, was ich leiste!«
**SPRUNG** Fleißig sein ist nicht genug – Sie müssen auch darüber reden. Nutzen Sie jede Gelegenheit, um sich vor dem Chef ins rechte Licht zu rücken.

## Was die Kollegen Ihrem Chef so flüstern

Die meisten Urteile, die wir uns über andere bilden, stammen zu einem guten Teil aus zweiter Hand. Nehmen Sie Ihr Urteil über mich, den Chef. Zum Teil resultiert es sicher aus Ihren eigenen Erfahrungen im Umgang mit mir. Aber, geben Sie es zu: Ihr Chefbild wird auch beeinflusst durch Tratsch und Geplapper, durch Urteile und Vorurteile anderer.

Auf dem gleichen Weg bilde ich mir mein Urteil über Sie. Wir teilen uns kein Büro. Vielleicht begegnen wir uns nicht einmal jeden Tag. Also habe ich Sie nicht ausreichend im Blick, um mir eine völlig eigenständige Meinung über Sie und Ihre Leistung zu erlauben.

Gerade im Vorfeld einer Gehaltserhöhung spitze ich die Ohren, wenn über Sie gesprochen wird. Oder ich frage wie zufällig bei anderen Mitarbeitern nach, wie Sie sich entwickeln. Kommt jetzt eine wohlwollende Reaktion (und ich habe Sie auch ähnlich eingeschätzt), setzt sich meine Vermutung als Wahrheit im Gehirn ab: Sie sind nett und fleißig, zudem motivieren Sie andere. Gute Karten für mehr Gehalt!

Aber was, wenn die Kollegen schlecht über Sie reden? »Ehrlich gesagt, der reißt hier keine Bäume aus, im Gegenteil …« Dann sinkt Ihr Stern in meinen Augen – offenbar passen Sie nicht ins Team und machen mir bei der Leistung was vor!

Im schlimmsten Fall nehme ich Sie künftig subjektiv wahr, das heißt: Ich sehe nur noch das, was in dieses Klischee passt. Zum Beispiel wird mir nur der eine Wochentag auffallen, an dem Sie wegen eines Arzttermins 15 Minuten früher aus der Firma gehen. Die anderen vier Tage, an denen Sie Überstunden leisten, nehme ich dagegen nicht zur Kenntnis. Schlechte Karten für mehr Gehalt!

Damit Ihr guter Ruf mich auch aus anderem Mund erreicht, ist es wichtig, dass Sie Networking betreiben. Knüpfen Sie gute Kontakte zu Ihren Kollegen, am besten zu solchen, die erfolgreich sind und engen Kontakt zu mir unterhalten. Fragen Sie sich: Wie kann ich diesen Kollegen nützlich sein? Durch Hilfsbereitschaft schaffen Sie sich Helfer, auf deren Unterstützung Sie zählen können – und das nicht nur bei der Pflege Ihres Images.

Wer sind meine Spione in der Firma? Am meisten Vertrauen habe ich zu meiner Sekretärin. Bei ihr fließen sämtliche Informationen zusammen. Und nun stellen Sie sich vor, Sie haben meine Vorzimmerdame bislang mit Hochnäsigkeit behandelt, sind grußlos an ihr vorbeistolziert, um mir dann überschwänglich die Hand zu schütteln ...

Nie darf ich den Eindruck gewinnen, dass Sie vor meinen Augen eine Rolle spielen, der Sie fachlich und menschlich im Alltag nicht gerecht werden. Wenn Sie dagegen nach Auskunft Ihrer Kollegen beliebt und anerkannt sind, womöglich sogar als Vorbild gelten, qualifiziert Sie das in Kombination mit der nötigen Durchsetzungskraft für eine Gehaltserhöhung – und im nächsten Schritt für eine Beförderung.

**HÜRDE** »Meine Kollegen sollen von mir denken, was sie wollen. Es reicht, wenn der Chef mich schätzt.«
**SPRUNG** Bevor der Chef Ihr Gehalt erhöht, holt er andere Meinungen ein. Stellen Sie sich gut mit Ihren Kollegen, besonders mit der Chefsekretärin!

# Persönliches Gehaltsthermometer: Wie steht Ihr Kurs beim Chef?

1. Denken Sie genau nach:
Was leisten Sie für Ihre Firma? Schreiben Sie in Stichwörtern alle Tätigkeiten auf, die Ihnen einfallen.

_____

_____

_____

_____

_____

2. Überlegen Sie noch einmal: Ist das wirklich alles? Haben Sie nicht schon Urlaubs- oder Krankheitsvertretungen übernommen? Was ist mit Sonderprojekten, Überstunden usw.?

_____

_____

_____

_____

_____

3. Welche dieser Aufgaben fallen zusätzlich zu Ihrer eigentlichen Arbeit an oder gehen über die vertraglich vereinbarte Leistung hinaus?

_____

_____

_____

_____

_____

**4. In welchen Bereichen haben Sie das Gefühl, dass Sie bessere Arbeit als Ihre Kollegen leisten? Können Sie Erfolge nennen (abgeschlossene Projekte, gewonnene Kunden, Lob von außen, Einsparungen für die Firma), die Ihre Einschätzung unterstreichen?**

_____

_____

_____

_____

_____

**5. Nehmen wir an, ich hätte dieselben Fragen im Vorfeld der Gehaltsverhandlung Ihrem Chef gestellt: Hätte er Ihre Tätigkeit, vor allem aber Ihre Zusatzaufgaben, Ihre Stärken und Ihre Erfolge richtig eingeschätzt? Kreuzen Sie den Buchstaben an, der am ehesten auf Sie zutrifft.**

a) Der Chef kennt nicht einmal meine Standardtätigkeiten – im Gegensatz zu denen von Kollegen, die auf der gleichen Ebene arbeiten.

b) Der Chef kennt in etwa meine Standardarbeit und vielleicht noch ein paar Zusatzaufgaben – aber das war's dann auch.

c) Dem Chef sind meine Zusatzaufgaben, Stärken und Erfolge bekannt. Er weiß auch, dass mein Aufgabenfeld heute weiter gesteckt ist als bei der letzten Gehaltsverhandlung.

### Auswertung:

Welchen Buchstaben haben Sie angekreuzt? Dann steht Ihr persönliches Gehaltsthermometer so:

a) **Eiskalt:** Wenn Sie jetzt nach mehr Gehalt fragen, verschießen Sie Pulver. Machen Sie erst einmal auf sich aufmerksam!

b) **Lauwarm:** Kein schlechtes Fundament. Sie sollten es aber in den letzten sechs Monaten vor der Gehaltsverhandlung durch gute Selbst-PR aufstocken. Machen Sie den Chef diskret auf Ihre Stärken und Sonderaufgaben aufmerksam.

c) **Heiß:** Es wird Ihren Chef kaum überraschen, dass Sie mehr Geld wollen. Er weiß, was Sie für ihn leisten. Die Chancen stehen gut, dass er im Gegenzug Ihrer Gehaltsforderung nachkommt.

# Vergleich macht reich:

# Bekommen Sie, was Sie verdienen?

### So finden Sie Ihren Marktwert heraus

Wenn Sie etwas verkaufen wollen, zum Beispiel ein Haus, legen Sie sich nicht gleich auf einen Preis fest. Sie schauen erst einmal: Was verlangen andere? Ihnen ist klar: Der Preis, den Sie einst für das Haus bezahlt haben, entspricht nicht mehr dem aktuellen Marktwert. Sie vergleichen also, um sich neu zu orientieren.

Und wie sich die Preise von Häusern verändern – meist steigen sie –, so verändert sich auch der Wert Ihrer Arbeitsleistung: Meist steigt er ebenfalls! Aber viele Mitarbeiter studieren zwar täglich Kleinanzeigen und können den Wert eines Gebrauchtwagens perfekt einschätzen – aber was sie ihren Unternehmen mittlerweile wert sind, davon haben sie keine Ahnung!

Wer nicht weiß, was er fordern kann, tritt entsprechend unsicher auf. Am Ende landet der Ball bei mir: »Was meinen Sie denn, Chef?« Meine Meinung, das ist klar, steht auf dem jetzigen Gehaltszettel! Basta.

Nur wenn ich merke, dass Sie Ihren Marktwert kennen, bin ich bereit, ihn auch zu bezahlen. Finden Sie unbedingt vor der Gehaltsverhandlung heraus, was Ihre Leistung wert ist!

Warum tauschen Sie sich nicht mit alten Ausbildungs- oder Studienkollegen aus, die in derselben Branche, aber in anderen Firmen arbeiten? So werden Sie schnell eine Vorstellung davon bekommen, ob Ihr Gehalt in der Keller- oder in der Spitzenklasse liegt.

Aber begehen Sie nicht den Fehler, sich nach unten zu orientieren. Natürlich werden Sie immer einen finden, der (noch) weniger als Sie verdient. Und natürlich ist es ein bequemer Trost, sich dann einzureden: »So schlecht werd ich doch gar nicht bezahlt!« Schauen Sie nicht nach unten, sondern nach oben! Was verdient der bestbezahlte Berufskollege in vergleichbarer Position? Dieses Gehalt sollte der Leuchtturm sein, auf den Sie zusteuern.

Weitere Möglichkeiten, wie Sie sich über Ihren Marktwert orientieren können:

- Nehmen Sie Kontakt zu Ihrer Gewerkschaft auf und lassen Sie sich den **Gehaltstarifvertrag** für Ihre Branche schicken – aber genießen Sie die Tarifgehälter mit Vorsicht (siehe »Sprengen Sie die Fesseln des Tarifs«, Seite 47).
- Surfen Sie im **Internet.** Wenn Sie zum Beispiel den Suchbegriff »Gehaltsvergleich« bei einer Suchmaschine wie Google eingeben, haben Sie die Durchschnitts- und Spitzengehälter der einzelnen Branchen schnell im Blick. Dazu gibt es individuelle Gehaltstests. Aber Achtung: Surfen Sie nicht vom Arbeitsplatz aus! Ich kann jeden Ihrer Klicks verfolgen. Es wäre doch ein Drama, wenn Sie frohen Mutes in eine Gehaltsverhandlung gehen – und dann zur Antwort bekommen: »Gehaltserhöhung? Mein Thema ist Abmahnung! Oder hatte ich

Sie beauftragt, im Internet Texte zu studieren wie ›So mache ich meinen geizigen Chef zum Geldesel!‹?«

- Lesen Sie **Fachmedien**, zum Beispiel Zeitschriften über Ihre Berufssparte. Die Gehälter sind dort ein wichtiges Thema. Auch Tageszeitungen informieren über »Beruf und Karriere«, oft in Sonderbeilagen. Und studieren Sie die Stellenanzeigen: Wie ist das Verhältnis zwischen Angebot und Nachfrage in Ihrem Beruf? Viele Stellenangebote, kaum Gesuche – auf diesem Boden lässt sich's gut verhandeln!

- Sprechen Sie als Fach- oder Führungskraft mit einem **Personalberater**. Headhunter leben davon, Arbeitskräfte zu möglichst hohen Gehältern zu vermitteln. Sie kennen die Gehaltsstrukturen von zahllosen Unternehmen und wissen genau, was für Sie drin ist.

- **Bewerben** Sie sich bei anderen Firmen und testen Sie, welches Gehalt sich durchsetzen lässt. Wenn ich als Chef davon Wind bekomme, kann es gut passieren, dass ich plötzlich wie von selbst auf die Idee einer Gehaltserhöhung komme.

**HÜRDE** »Ich habe von einem Berufskollegen gehört, dass er weniger als ich verdient – da bin ich mit meinem Gehalt noch gut bedient!«

**SPRUNG** Orientieren Sie sich nicht nach unten, sondern nach oben! Das höchste Gehalt eines Berufskollegen in vergleichbarer Position sollte Ihr (langfristiges) Ziel sein.

## Wie locker sitzt das Geld beim Chef?

Was ein Fußballprofi verdient, hängt nicht nur von seiner Leistung ab, sondern auch davon, ob er für den SC Freiburg oder den FC Bayern München spielt. Will heißen: Die Größe, der Umsatz und oft auch der Standort Ihrer Firma geben den Rahmen für die Gehaltsverhandlung vor.

Je mehr Mitarbeiter ein Unternehmen hat, desto mehr Umsatz macht es gewöhnlich und desto höher ist meist das Durchschnittsgehalt. Dabei schneide ich als Chef in einem kleinen Unternehmen deutlich schlechter ab als Sie: Während der Vorstandsvorsitzende von Daimler-Chrysler vielleicht 50-mal mehr als der Geschäftsführer des örtlichen Autohauses verdient, beläuft sich der Unterschied zwischen zwei einfachen Angestellten nur auf ein paar Hunderter pro Monat.

Ein ländlicher Firmensitz ist für mich ein willkommener Vorwand zum Knausern. Ich werde Ihnen erklären: »Sie leben hier doch günstiger.« Was ich verschweige: nicht nur Sie – die Firma auch! Viele große Unternehmen flüchten aufs Land, um sich die hohen Kosten für Mieten und Grunderwerb in Großstädten zu sparen. Also bleibt mehr Geld in der Kasse – im Prinzip gilt das dann auch für Ihr Gehalt!

Entscheidend ist nicht die Lage, sondern was das Unternehmen einbringt. Wenn ich Ihr Chef bei SAP in Walldorf bin, wird die ländliche Firmenlage den Gehaltsfluss nicht behindern. Zieht der Standort aber einen geringen Ertrag nach sich, sitzt auch meine Spendierhose enger.

Viele Mitarbeiter lassen sich von meinem Hinweis auf die Konjunktur einschüchtern. Dabei spielt sie nur eine zweitrangige Rolle. Einigen Unternehmen geht es auch, manchen sogar gerade, in der Krise gut. Wenn die Erträge Ihrer Firma steigen, sollten Sie sich nicht scheuen, Ihr Gehalt in dieselbe Richtung wandern zu lassen.

Nie geht mir das Geld für eine Gehaltserhöhung leichter von der Hand, als wenn das Geschäft brummt. Nun werde ich als Chef nicht mehr am Sparen gemessen – sondern daran, wie gut ich investiere.

Im Idealfall fluten die Aufträge, wir expandieren, stellen neue Mitarbeiter ein, schaffen neue Geräte an, eröffnen neue Filialen. Und wer soll die neuen Mitarbeiter einlernen, wer das florierende Geschäft mit der nötigen Schnelligkeit und Zuverlässigkeit abwickeln, wenn nicht langjährige Mitarbeiter? Also sind Sie einer der Grundsteine, auf die ich bauen will. Ich tue alles, damit Sie nicht wackeln oder wegbrechen.

Nutzen Sie die Gelegenheit und seien Sie nicht zu bescheiden! Ein halbes Jahr später kann der Gehaltszug schon abgefahren sein.

Denn wenn das Unternehmen auf Talfahrt ist, drehe ich jeden Euro zweimal um, bevor ich ihn auf Ihr Gehalt packe. Eine Erhöhung ist nur dann drin, wenn das Ende der Flaute schon in Sicht ist. Dann möchte ich gute Mitarbeiter für den nahenden Aufwind an Bord halten.

Ist dagegen kein Aufschwung absehbar, baut das Unternehmen Arbeitsplätze ab und schaltet es auf Kurzarbeit um – dann laufen Sie mit Ihrer Gehaltsforderung bei mir gegen Beton.

In dieser Situation sollten bei Ihnen die Alarmglocken schrillen: Wenn es um die Firma so schlecht bestellt ist, wer garantiert Ihnen dann, dass Sie in ein paar Monaten überhaupt noch Gehalt bekommen – und nicht schon Arbeitslosengeld nach einer »betriebsbedingten Kündigung«?

Und doch gibt es einen Weg, wie Sie Ihre Gehaltserhöhung durchsetzen können. Vielleicht kriegen Sie sogar mehr Geld, als Sie es für möglich hielten – indem Sie die Firma wechseln. Wie Sie sich im Vorstellungsgespräch teuer verkaufen, davon handelt das letzte Kapitel.

**HÜRDE** »Die Konjunktur steckt im Keller, da kriege ich bestimmt keine Gehaltserhöhung durch.«
**SPRUNG** Achten Sie nicht in erster Linie auf die Konjunktur, sondern auf die Ertragslage und die Aussichten Ihrer Firma. Manche Unternehmen blühen in der Krise.

## Sprengen Sie die Fesseln des Tarifs

Schon viele Gesichter habe ich in der Gehaltsverhandlung erstarren sehen – beim Hinweis auf die »Tarifbindung«. Plötzlich stehen Sie mit Ihrer Forderung, die Sie für fair hielten, wie ein Wucherer da. Ich belege Ihnen schwarz auf weiß: Ihr jetziges Gehalt entspricht genau dem Tarif. Dann sage ich: »Und Sie sind nun mal ein tarifgebundener Arbeitnehmer. Nichts zu machen. Tut mir leid für Sie!«

Das klingt nach höherer Gewalt, nach einem Chef mit gefesselten Händen. Viele Mitarbeiter fallen auf dieses Märchen rein. Als Rumpelstilzchen würde ich in solchen Momenten ums Feuer tanzen und singen: »Ach wie gut, dass niemand weiß, was die ›Bindung‹ wirklich heißt!«

Nur ich, der Chef, bin durch das Tarifgehalt gebunden – und zwar in der Form, dass ich es nicht unterschreiten darf. Aber nirgendwo steht geschrieben, dass Sie von mir nicht ein übertarifliches Gehalt bekommen dürfen!

In manchen Bereichen, wo die Arbeitnehmer heiß begehrt sind, zum Beispiel in der Computerbranche, würde kein Mitarbeiter für den Tariflohn die Hände aus der Hosentasche nehmen.

Machen Sie sich bewusst: Das tarifliche Gehalt ist ein Mindestbetrag, den auch der schwächste Mitarbeiter bekommen muss. Aber Sie, als fähige Kraft, leisten mehr als ein Minimum – und sollten deshalb mehr als einen Mindestlohn fordern!

Doch Achtung: Ein übertarifliches Gehalt führt mich in Versuchung, Sie bei der nächsten tariflichen Gehaltssteigerung zu übergehen. Dann währt Ihre Freude an der Höhe des Gehalts nicht lang, weil der Tarif bald zum Überholen ansetzt. Vereinbaren Sie deshalb (am besten schriftlich) mit mir, dass tarifliche Erhöhungen anteilig auf Ihr Gehalt zu übertragen sind.

Auch innerhalb des Tarifs können Sie Ihr Gehalt verbessern. Sehen Sie sich den Gehaltstarifvertrag für Ihre Berufsgruppe an. Er ist in Stufen gegliedert, zum Beispiel 1 bis 8. Mit der Stufe wächst Ihr Gehalt. Welche für Sie gilt, hängt von Ihren Berufsjahren und Ihrem Arbeitsbereich ab.

Schon am ersten Arbeitstag Ihres Berufslebens besteht Spielraum: Fangen Sie wirklich im ersten Berufsjahr an? Oder haben Sie durch ein Studium, durch eine Zusatzausbildung, durch zahlreiche Praktika schon einen Wissensstand erworben, der dem zweiten oder dem dritten Berufsjahr entspricht – und somit einer höheren Tarifstufe? Hängt ganz davon ab, wie gut Sie mir Ihre Vorbildung verkaufen!

Auch später sind Sprünge möglich. So kann Tarifstufe 5 an »weitgehend selbständige« Arbeit gekoppelt sein, während Gruppe 6 für »selbständige« und Gruppe 7 für »verantwortliche« Arbeit gilt. Wie definieren Sie Ihre Arbeit? Gibt es zum Beispiel Aufgaben, die Sie von einem Vorgesetzten übernommen haben? Ein hervorragendes Argument, um auf »verantwortliche Arbeit« zu plädieren! Wir Chefs lassen nichts auf unsere eigene (Ex-)Arbeit kommen.

Sogar im Öffentlichen Dienst können Sie Gehaltssprünge machen. Lassen Sie sich nicht abschrecken von dem scheinbar starren Rahmen. Als Beamter gilt für Sie das Bundesbesoldungsgesetz (BbesG), als Angestellter der Tarifvertrag für den öffentlichen Dienst (TVöD).

Ein Bekannter von mir arbeitet als Beamter im gehobenen Dienst bei einer Stadtverwaltung. Vor Jahren hatte er ein Angebot aus der freien Wirtschaft und wollte aus finanziellen Gründen wechseln. Aber siehe da – als sein Behördenleiter davon Wind bekam, legte er sich ins Zeug. Auf einmal sprang mein Bekannter um eine Tarifstufe nach oben – aufgrund »besonderer Leistung«, wie es hieß.

**HÜRDE** »Ich bin tarifgebundener Arbeitnehmer – da kann ich doch nicht mehr fordern, als im Tarif steht.«
**SPRUNG** Der Tarif definiert einen Mindestlohn für eine Mindestleistung – nach oben setzt er dem Chef keine Grenzen!

## Persönliches Gehaltsthermometer: Kann Ihre Firma Geld lockermachen?

Der folgende Test gibt Ihnen eine Vorstellung, wie Ihre Firma im Geschäft ist. Nicht zuletzt davon hängt Ihre Gehaltserhöhung ab.

Kreuzen Sie wieder jeweils die Aussage an, die am ehesten zutrifft.

**1.Wie entwickelt sich das Geschäft Ihrer Firma?**

a) Umsatz und Gewinn steigen.

b) Umsatz und Gewinn fallen.

c) Umsatz und Gewinn stagnieren.

**2. Wie werden die Geschäftsaussichten für die Zukunft beurteilt?**

a) sehr zuversichtlich

b) negativ

c) zufrieden stellend

**3. Ist Ihr Unternehmen dabei, sich auf neuen Märkten oder mit weiteren Niederlassungen auszubreiten?**

a) Klar, das Unternehmen wächst und macht kein Geheimnis daraus.

b) Nein, im Moment ist das Überleben die Hauptsorge.

c) Ja, solche Pläne kursieren unter der Hand.

## 4. Wie ist die Arbeitslage in Ihrer Abteilung und an Ihrem Arbeitsplatz?

a) deutlich mehr Arbeit als in den Vorjahren

b) weniger Arbeit

c) Arbeitsmenge unverändert

## 5. Gab es Sparmaßnahmen durch die Geschäftsleitung, etwa Einschränkungen beim Bürobedarf, bei Auslandstelefonaten usw.?

a) Davon ist bei uns im Moment nicht die Rede.

b) Ja, solche Maßnahmen laufen.

c) Nein, aber die Vorgesetzten schauen genauer aufs Geld.

## 6. Wie sieht die Personalpolitik Ihres Unternehmens aus?

a) Die Zahl der Mitarbeiter nimmt zu.

b) Stellenabbau und/oder Kurzarbeit

c) Das Niveau wird gehalten. Ausscheidende Kollegen werden ersetzt.

### Auswertung

Welchen Buchstaben haben Sie am häufigsten angekreuzt? Dann steht für Sie das Gehaltsthermometer so:

a) **Heiß:** Die Scheine sitzen locker, Sie haben in der Verhandlung gute Aussichten. Seien Sie nicht zu bescheiden!

b) **Eiskalt:** Sie können eine Gehaltserhöhung wahrscheinlich nur durch den Wechsel in ein anderes Unternehmen durchsetzen. Warum eigentlich nicht?

c) **Lauwarm:** Ich werde als Chef bemüht sein, einen guten Mitarbeiter wie Sie zu halten. Aber: Pokern Sie nicht zu hoch.

# Prämie & Co.:

# Verdienen Sie durch die Hintertür

## Was der Chef lieber rausrückt als Gehalt

Es gibt Mitarbeiter, die sind auf eine Gehaltserhöhung fixiert wie der Stier aufs rote Tuch. Da ist die Versuchung groß, als Chef zum Torero zu werden – und sie ins Leere laufen zu lassen.

Damit wir uns nicht falsch verstehen: Es ist großartig, wenn Sie Ihr Ziel im Auge haben und sich von nichts aus der Bahn werfen lassen. Aber was ist Ihr Ziel? Sie wollen mehr Geld! Und dieses Geld ist Ihnen doch auch willkommen, wenn es sich zum Beispiel »Prämie« nennt – oder?

Seien Sie aufs Ziel fixiert, aber flexibel beim Weg! Je umsichtiger Sie alle Möglichkeiten ins Gespräch bringen, desto schlechter kann ich Sie ins Leere laufen lassen.

Malen Sie sich eine typische Verhandlungssituation aus: Sie stellen eine Gehaltsforderung in den Raum, ich lehne reflexartig ab. Nun ist mein eigenes »Nein« der Strick, der mich auf der Stelle fesselt. Je öfter ich es wiederhole, desto mehr straffen sich die Knoten. Schließlich kann ich Ihnen, auch wenn ich gerne wollte, nicht mehr entgegenkommen, ohne dass ich mein Gesicht verliere. Das Problem ist nicht mehr mein Etat, sondern mein Stolz. Und auch Sie machen keine gute Figur, wenn Sie Ihren Standpunkt völlig aufgeben und plötzlich sagen: »War doch nicht so ernst gemeint!«

Der Fehler: Unsere Blicke sind auf die Höhe des Gehalts fixiert, als würden wir auf einen morschen Steg überm reißenden Strom starren. Dabei übersehen wir die Möglichkeit, tragfähige Brücken in der Nachbarschaft zu bauen. Auf dem Weg einer alternativen Vergütung können wir uns ohne Gesichtsverlust treffen!

Als Chef schätze ich besonders Zahlungsmodelle, die an konkrete Erfolge geknüpft sind; denn Ihr Erfolg ist mein Gewinn. Also werde ich die Ohren spitzen, wenn Sie in der Verhandlung einen der folgenden fünf Vorschläge machen: Prämie, Bonus, Gratifikation, Provision oder Belegschaftsaktien.

Diese Zulagen sind einmalig, das heißt: Wenn Sie dieses Jahr zum Beispiel eine Prämie bekommen, entsteht nicht automatisch ein Anspruch fürs Folgejahr (wie beim Gehalt). Vorteil: So haben Sie Jahr für Jahr einen Anlass für neue Verhandlungen – und können diese Zulagen immer mehr in die Höhe treiben.

Fünf Joker für Ihre Verhandlung – nehmen wir sie näher unter die Lupe:

### Prämie

Die Prämie ist an individuelle Leistungsziele geknüpft, wird meist am Anfang des Jahres verabredet und am Ende gezahlt. Den Betrag können Sie frei verhandeln, oft liegt er bei einem Monatsgehalt oder darüber. Rechnen Sie aber nach! Wenn ich Ihnen statt einer Gehaltserhöhung von 300 Euro pro Monat eine Jahresprämie von 2000 Euro biete, klingt das zunächst gut. Sie bekommen aber im Jahr 1600 Euro weniger!

Behalten Sie beide Wege im Auge. Eine Prämie schließt nicht aus, dass ich Ihr Gehalt gleichzeitig erhöhe – in diesem Fall beispielsweise um 150 Euro. Dann machen Sie, sofern Sie Ihr Leistungsziel erreichen, 200 Euro zusätzlich!

Achten Sie darauf, dass das Ziel für Ihre Prämie möglichst messbar formuliert wird. Nehmen wir an, Sie sind für die Betreuung von Kundenbeschwerden verantwortlich. Im letzten Jahr haben 30 Prozent aller Beschwerden dazu geführt, dass die Kunden unserer Firma verloren gingen. Dann lassen Sie nicht zu, dass ich Ihre Prämie an ein Ziel binde wie: »… wird dafür sorgen, die Zahl der Kundenverluste wesentlich zu senken.« Denn was heißt »wesentlich«? Darüber können wir ganz verschiedener Meinung sein. Zumal dann, wenn ich mir Ihre Prämie sparen will!

Keinen Spielraum für (schlitzohrige) Interpretationen lässt: »… wird dafür sorgen, die Zahl der Kundenverluste auf 28 Prozent oder weniger zu reduzieren.«

Und wenn ich als Chef das Ziel so hoch stecke, dass Sie unsicher sind, ob Sie es erreichen können? Dieser Trick lässt mich großzügig erscheinen, da ich ja scheinbar guten Willens bin – aber von diesem (An-)Schein können Sie sich, im Gegensatz zu denen aus Papier, am Jahresende nichts kaufen.

In diesem Fall sollten Sie auf einer Stufenprämie bestehen, deren Höhe mit der Schwierigkeit der Ziele steigt. In unserem Fall zum Beispiel: 1000 Euro, wenn die Kundenverluste unter 30 Prozent sinken (Ziel 1); 1500 Euro: unter 29 Prozent (Ziel 2); 2000 Euro: unter 28 Prozent. Mit etwas Geschick können Sie mir noch eine vierte Stufe abhandeln; unter 27 Prozent: 2500 Euro.

## Bonus

Auch der Bonus ist an einen Erfolg geknüpft – meist nicht an Ihren persönlichen, sondern an den der Firma. Ich beteilige Sie am Umsatz oder am Gewinn.

Dieses Schwert ist zweischneidig: Sie machen einen guten Schnitt damit, wenn die Geschäfte der Firma im Aufwind sind. Herrscht allerdings Flaute, kommen Sie finanziell nicht vom Fleck. Bevor Sie einen Bonus vorschlagen, sollten Sie die wirtschaftlichen Aussichten der Firma kennen.

Nachteil beim Bonus: Sie sind der Dummheit anderer und den Launen der Wirtschaft ausgeliefert. Stellen Sie sich vor, ich vergraule mit meiner harschen Art einen Großkunden (typisch!). Oder ein Umweltskandal kostet die Firma neben dem guten Ruf auch Aufträge. Oder ein Börsencrash bringt die ganze Wirtschaft auf Talfahrt. Dann müssen Sie die Suppe auslöffeln, Ihren Bonus entbehren. Dabei können Sie nichts dafür, haben vielleicht die beste Arbeit Ihres Lebens geleistet.

Darum sollten Sie versuchen, Ihren persönlichen Beitrag am Firmenerfolg zu definieren und mit einem Bonus zu verbinden (ähnlich wie bei der Prämie). Machen Sie mir Ihre Leistung schmackhaft! Dann haben Sie die Dinge selbst in der Hand – und nicht umgekehrt!

## Gratifikation

Ihr Weihnachtsgeld ist eine feine Sache, nicht wahr? Einmal jährlich fließt es, wie alle Gratifikationen, aus bestimmtem Anlass auf Ihr Konto. Die Weihnachtsgratifikation entspringt selten meiner christlichen Nächstenliebe, dafür oft dem Gehaltstarifvertrag.

Falls ich mich drücken kann (weil der Tarif für mich nicht gilt oder kein Weihnachtsgeld vorschreibt), werde ich es tun. Warten Sie in diesem Fall nicht aufs Christkind: Verhandeln Sie mit mir im nächsten Gehaltsgespräch! Sie haben gute Karten, denn im Zusammenhang mit Weihnachten, dem Fest des Gebens, stehe ich ungern als hartherziger Geizkragen da.

Aber nicht nur der Kalender bietet Ihnen Anlässe für Gratifikationen. Lassen Sie Ihre Fantasie spielen! Welche besonderen Leistungen haben Sie im letzten halben Jahr vollbracht? Haben Sie große Kunden an Land gezogen oder sich etliche Überstunden in der Firma um die Ohren geschlagen? Haben Sie ein großes Projekt zum Erfolg geführt oder durch die Qualität Ihrer Arbeit bestochen? Oder sogar der Firma Geld gespart? Na also!

Beachten Sie den Vorteil solcher Anlässe für Gratifikationen: Sie sprechen, anders als bei der Prämie, meist nicht von ungelegten Eiern. Ihre Leistung ist schon geschlüpft, für mich als Chef sichtbar. Und da ich bei jeder Gelegenheit predige, »Leistung soll sich für Sie lohnen!«, stecke ich in der eigenen Falle.

Mit einem Verweis auf künftiges Geld sollten Sie sich nicht vertrösten lassen: Besser eine Gratifikation auf dem Konto als ein Versprechen im Ohr.

### Provision

Nichts motiviert Mitarbeiter im Vertrieb mehr, als wenn sich jeder Verkauf für sie in barer Münze auszahlt! Auf dieser Idee beruht die Provision. Meist fließt sie als prozentuale Beteiligung am eigenen Umsatz oder Gewinn in Ihre Tasche.

Auch wenn ich als Chef mit Ihnen teile: Das größte Stück des Kuchens landet auf meinem Teller. Und natürlich bin ich gierig, noch größere Stücke zu bekommen. An diesem Punkt können Sie mich packen. Nehmen wir an, Sie verkaufen Motorräder und bekommen eine Provision von einem Prozent pro Stück. Durchschnittlich verkaufen Sie 15 Motorräder pro Monat. Dann schlagen Sie mir vor, ab 16 Motorrädern 1,2 Prozent zu bekommen, ab 20 Motorrädern 1,5 Prozent!

Sehr wahrscheinlich nehme ich Ihren Vorschlag an, denn ich habe ja kein Risiko: Verkaufen Sie wie bisher, habe ich keine zusätzlichen Kosten. Aber wenn Sie mehr verkaufen, kommt auch mehr Geld in die Kasse – und ich kann mir den Zuschlag locker leisten.

## Belegschaftsaktien

Ehe Sie sich versehen, gehören Sie zu den Eigentümern der Firma, für die Sie arbeiten – indem Sie Aktien Ihres Unternehmens zu einem vorteilhaften Kurs kaufen können. Bis zu einem Nachlass von 135 Euro pro Jahr, maximal 50 Prozent des Börsenkurses, geht das Finanzamt bei Belegschaftsaktien leer aus. Was darüber hinausgeht, müssen Sie als geldwerten Vorteil versteuern. Erst nach sechs Jahren dürfen Sie die Aktien verkaufen.

Der Reiz einer Unternehmensbeteiligung in größerem Umfang: Jetzt arbeiten Sie in die eigene Tasche! Startet das Unternehmen wie eine Rakete durch, gehören Sie zu den Astronauten. Wir (angestellten) Chefs waren einst so clever, dieses Modell für unsere eigene Vergütung zu erfinden.

Aber wie groß ist das Risiko? Mit einer etablierten Firma, die stetig wächst, sind Sie auf der sicheren Seite. Anders sieht es bei

Neugründungen aus. Oder bei riskanten Geschäftsfeldern wie E-Commerce oder Biotechnologie.

Hier hängt alles davon ab, wie sich Ihr Unternehmen entwickelt und wie ihm die Börsianer gesonnen sind. Bitte schenken Sie mir, dem euphorischen Chef, in diesem Punkt nicht allzu viel Glauben: Natürlich sehe ich das Baby durch die rosarote Gründerbrille.

Wenn Sie mit dem Geld unbedingt planen müssen, sollten Sie in der Verhandlung einen anderen Weg als eine wesentliche Vergütung über Aktien oder Aktienoptionen einschlagen. Wenn Sie dagegen durch Ihr Grundgehalt abgesichert sind und an die Idee der Firma glauben: Riskieren Sie es!

**HÜRDE** »Wenn der Chef mein Gehalt nicht erhöhen will, ist die Sache für mich gelaufen, und ich verzieh mich in die Schmollecke.«

**SPRUNG** Schlagen Sie unbedingt Prämie, Gratifikation usw. vor, falls Ihr Chef auf Gehaltsforderungen nicht anspringt. Für leistungsabhängige Bezahlung lässt er sich oft leichter gewinnen.

## Der Chef spendiert, das Finanzamt verliert!

Wecken Sie meinen Ehrgeiz, Steuern und Abgaben zu sparen, während ich Sie durch zusätzliche Leistungen motiviere. Dieses Spiel hat einen psychologischen Vorzug: Unser gemeinsamer Gegner, der kassierfreudige Staat, macht uns zu Komplizen. Ihr Vorteil ist auch mein Vorteil, wir ziehen an einem Strang. Dass ich eigentlich auf *Ihre* Kosten knausern wollte, ist im Eifer des Gefechts schnell vergessen!

Ein Beispiel: Wenn Sie im Moment 2500 Euro brutto verdienen und 500 Euro mehr aushandeln, bringt Ihnen das als Junggeselle ohne Kinder nach allen Abzügen nur etwas mehr als 250 Euro. Mich aber kostet dieses Gehaltsplus mit Lohnnebenkosten rund 600 Euro, also nahezu das Dreifache! Warum einigen wir uns nicht auf 250 Euro steuerfreie Extras im Monat? Dann haben wir beide gewonnen: Sie bekommen 50 Euro mehr pro Monat, ich spare nicht weniger als 350 Euro – und setze den Rest als Betriebsausgaben ab.

Mit folgenden Extras können wir einen Teil unseres Geldes dem Steuer- und Abgabenstrudel entreißen; darum lohnt es sich für Sie, mich in der Gehaltsverhandlung darauf anzusprechen:

**Firmenwagen**

Haben Sie schon einmal nachgerechnet, was Sie Ihr Auto übers Jahr kostet? Ob Tankstelle, Versicherung oder Werkstatt: Die Preise klettern. Außerdem verliert Ihr Neuwagen schon im ersten Jahr rund 20 Prozent an Wert.

Mit einem Firmenwagen, den Sie auch privat nutzen dürfen, fahren Sie deutlich besser. Aber warum sollte ich Ihnen ein solches Auto eher als eine Gehaltserhöhung bewilligen? Weil ich Lohnnebenkosten spare! Steigt Ihr Gehalt, ist der Staat lachender Dritter. Einigen wir uns dagegen auf einen Dienstwagen, lacht mein Steuerberater – und setzt den Aufwand als Betriebskosten ab.

Machen Sie mir deutlich, dass die dienstlichen PS Ihre Motivation auf Hochtouren bringen. Für dieses Argument habe ich

Verständnis, weil ich seit vielen Jahren selbst hinterm Lenkrad eines Firmenwagens sitze.

Wenn Sie bislang der Meinung waren, ein Dienstwagen würde gekauft – Irrtum! Ich lease ihn zu günstigen Firmenkonditionen. Diese Aufwendung ist überschaubar und wird noch dadurch gemindert, dass ich mir künftig das Kilometergeld für Ihre Dienstfahrten sparen kann.

Reparaturen, Kfz-Steuer, Benzin und Versicherung – das alles kostet Sie keinen Cent mehr. Sie müssen lediglich den geldwerten Vorteil für Ihre Privatfahrten versteuern, pro Monat mit einem Prozent des Brutto-Listenpreises. Hinzu kommen 0,03 Prozent je Kilometer zwischen Ihrem Wohn- und Arbeitsort. Oder Sie führen einen Einzelnachweis.

Ein Dienstwagen, den Sie privat nutzen dürfen, wird Ihnen pro Jahr einen Nettobetrag von zirka 5000 Euro sparen. Das entspricht, je nach persönlichem Steuersatz, jährlich einem Bruttogehaltsvorteil von bis zu 10 000 Euro – auf den Monat umgelegt stolze 833 Euro. Wenn Sie das nicht zu Höchstleistungen für mich und die Firma motiviert!

### Dienstwohnung

Schon mal daran gedacht, mit mir über eine Dienstwohnung statt eine Gehaltserhöhung zu verhandeln? Zwar müssen Sie den geldwerten Vorteil versteuern, aber das Finanzamt macht dabei ein schlechtes Geschäft: Der Vorteil wird berechnet nach der Sachbezugsverordnung – und nicht nach dem tatsächlichen Wert! So können Sie jeden Monat ein paar Hunderter vor dem Finanzamt retten.

Meine drei Vorteile: Ich erhöhe die absetzbaren Betriebsausgaben. Der Staat knöpft mir für die Miete keine Sozialabgaben ab. Und natürlich bilde ich mir ein, Sie noch fester an die Firma zu binden. Tatsächlich sind die Kündigungsfristen für die Wohnung ziemlich kurz, falls Sie die Firma verlassen.

## Direktversicherung

Schlagen Sie mir doch vor, dass ich Ihre Gehaltserhöhung in eine Direktversicherung einzahle! Dann sparen wir beide: Sie, weil das Finanzamt den Betrag nur pauschal mit 20 Prozent versteuern darf (statt mit bis zu über 50 Prozent, je nach Ihrem persönlichen Steuersatz); ich und Sie, weil auf den Betrag auch künftig keine Sozialabgabe fällig wird; so beschloss es das Bundeskabinett 2007.

Seit 2002 haben Sie sogar einen gesetzlichen Anspruch, dass ich einen Teil Ihres Gehalts in eine staatlich geförderte Form der Altersversorgung umwandle. Die Direktversicherung ist die populärste Variante. Bis zu einer Höhe von 1752 Euro kann ich die Beiträge direkt von Ihrem Gehalt zahlen. Ab dem 60. Lebensjahr fließt das Geld an Sie zurück und versüßt Ihnen den Ruhestand.

Die Direktversicherung gleicht einer Lebens- oder privaten Rentenversicherung. Nur schließe ich die Police für Sie ab. Die Firma ist also Versicherungsnehmer und überweist die Beiträge.

Natürlich werde ich so tun, als sei die Pauschalsteuer Ihre Sache. Dabei besteht durchaus die Möglichkeit, dass ich sie übernehme. Das tut der Firma sogar weniger weh als Ihnen – schließlich lassen sich diese Zahlungen als Betriebsausgaben absetzen.

Auch werde ich mit keinem Sterbenswörtchen erwähnen, dass

der gesamte Betrag erst gar nicht von Ihrem Gehalt abgezweigt, sondern direkt von der Firma bezahlt werden kann. Sogar diese Lösung ist billiger für mich als eine Gehaltserhöhung. Wieder spare ich Sozialabgaben, erhöhe meine Betriebsausgaben und zahle im Endeffekt weniger Steuern.

### Weiterbildung

Als Chef will ich Mitarbeiter, deren Wissen auf dem neusten Stand ist. Nur wenn Sie informiert sind, wohin der Hase gerade läuft, kann sich meine Firma im Wettbewerb behaupten. Ihren Wunsch nach Weiterbildung kann ich im Gehaltsgespräch also schwerlich ablehnen, auch wenn Ihre Arbeitskraft für diese Zeit ausfällt. Falls ich doch murre, werden Sie anbieten, durch Vorarbeit einen Freiraum zu schaffen.

Ein Wochenseminar kostet locker 1000 bis 3000 Euro. Für Sie ist es noch viel mehr wert: Weiterbildung von heute ist die Gehaltserhöhung von morgen. Sie verbessern Ihre Qualifikation, das bedeutet: Sie festigen Ihre Stellung in der Firma und Sie steigern Ihren Marktwert nach außen.

Bei der Auswahl des Seminars fragen Sie sich bereits: Welcher Trumpf wird im nächsten Gehaltsgespräch stechen? Denken Sie an meine Kritik beim letzten Leistungsgespräch. Ich halte Sie also für schlecht organisiert? Dann ist ein Seminar in Zeitmanagement fällig. Oder lassen Ihre Internetkenntnisse noch zu wünschen übrig? Dann fahren Sie eine Woche »surfen«.

Ansonsten sollten Sie über Seminare nachdenken, die Ihnen ein Monopol in Ihrer Abteilung sichern. Der Vorteil: Sie machen sich unentbehrlich, ganz egal, ob als Steuerexperte, Computerfachmann oder Kommunikationsprofi.

Apropos Kommunikation: Lassen Sie sich kein Seminar entgehen, das Ihre Fähigkeiten im Umgang mit Menschen und in Rhetorik verbessert. Bei dieser Gelegenheit können Sie sich nämlich auch Anregungen für Ihre nächste Gehaltsverhandlung holen. Und das auf meine Kosten!

## Schwarzgeld

Gerade in kleinen und mittleren Betrieben stecke ich als Chef fleißigen Mitarbeitern alle Jahre wieder einen 100-Euro-Schein zu. Was das Finanzamt nicht weiß, macht es nicht heiß. Die Leute sind glücklich und gerührt. Sie zerreißen sich in der Luft und schuften wie verrückt für mich. Berechtigte Gehaltsforderungen stellen Sie angesichts meiner »Großzügigkeit« zurück. Genau darum geht es mir!

Aber rechnen Sie mal nach: Wenn ich einem Mitarbeiter zwei 100-Euro-Scheine pro Jahr zustecke, entspricht das monatlich dem umwerfenden Betrag von 16,66 Euro. Große Geste, kleine Summe.

Wenn Sie mir die Zahlung von Schwarzgeld vorschlagen, ist das Ihre Sache. Bestimmt haben Sie die Risiken abgewogen. Aber wenn ich auf Sie zukomme, sollten Sie skeptisch werden. Offenbar habe ich ein schlechtes Gewissen, weil Ihre Leistung das Gehalt überflügelt. Klares Signal für Sie: Eine Gehaltserhöhung muss her!

Vergessen Sie nicht: Beim Schwarzgeld hängen Sie von meiner Gutsherren-Laune ab, sogar dann, wenn es regelmäßig in großen Höhen fließt. Außerdem: Falls ich meinen Hut nehme, garantiert Ihnen keiner, dass mein Nachfolger den illegalen Brauch fortführt. Und wie wollen Sie bei einem Wechsel dem neuen Arbeitgeber klarmachen, dass Sie ja in Wirklichkeit viel mehr verdient haben, als auf der Lohnsteuerkarte steht?

## Überstunden

Überstunden sind ein Fluch. Warum machen Sie keinen Segen daraus? Zumindest einen Geldsegen. Wenn Sie sich mit mir einigen, dass ich Ihnen Überstunden für Sonntags-, Feiertags- und Nachtarbeit auszahle, statt sie durch Ihren normalen Vertrag als abgegolten zu betrachten: Dann können Sie zwischen 25 und 150 Prozent der Zuschläge frei von Steuern kassieren, und beide sparen wir uns die Sozialabgaben.

## Fahrtkosten

Bevor Sie einen Euro verdienen, geben Sie schon so manchen aus – für die Fahrt zur Arbeit. Gewinnen Sie mich als Sponsor! Ich darf Ihnen steuerfrei ein Job-Ticket für öffentliche Verkehrsmittel zahlen. Damit spare auch ich Geld, sofern Sie dienstlich mit Bus und Bahn unterwegs sind.

Sogar die Fahrtkosten für Ihren Privatwagen können Sie sich von mir mit 0,30 Euro je Entfernungskilometer erstatten lassen. Allerdings müssen Sie den Betrag mit 15 Prozent versteuern.

## Alltagszuschüsse

Wenn uns im Gehaltsgespräch nur ein paar Euro trennen, gibt es eine wunderbare Brücke: Lenken Sie das Thema vom Gehalt auf kleine Zuschüsse für Ihren Alltag. 44 Euro für Sachzuwendungen sind steuerfrei. Nehmen wir an, Sie halten sich für die Arbeit gesund, indem Sie zum Golfen, zum Tennis oder ins Fitnessstudio gehen, ist mir das immer ein paar Euro wert.

Unabhängig davon trete ich auch gern als Samariter auf. Zum Beispiel, indem ich Ihnen steuerfrei einen Kindergartenplatz bezuschusse – schließlich könnte der Gedanke, Ihre Kleinen seien schlecht versorgt, Sie von Ihrer Arbeit abhalten.

Auch Ihre Telefonrechnung und Ihren Umzug darf ich bezahlen – sofern wir uns darauf verständigen, dass beides dienstlich veranlasst war.

## Firmenrabatt

Natürlich sehe ich es gerne, wenn Sie in unserer Firma kaufen. Dazu darf ich Ihnen jährlich einen steuerfreien Rabatt von bis zu 1080 Euro einräumen. Der Vorteil für mich: Ihr Rabatt wird so ausfallen, dass die Firma, entgegen meinen Beteuerungen, immer noch ein wenig verdient. Außerdem laufen Sie in Ihrem Freundes- und Bekanntenkreis für die Firma Werbung.

## Arbeitgeberdarlehen

Je nachdem, wie die Zinsen stehen, kann Geld von der Bank sehr teuer sein. Ich als Chef darf Sie zum Beispiel beim Hausbau mit einem Darlehen unterstützen, allerdings nicht mehr zinsfrei (wie nach früherer Gesetzeslage). Dadurch, so bilde ich mir ein, binde ich Sie an die Firma.

Der Betrag kann auch höher sein, dann müssen Sie aber den zinswerten Vorteil versteuern. Das ist die Differenz zwischen meinem Zins und dem marktüblichen Satz. Dieser Weg kann für Sie deutlich günstiger als ein Bankkredit sein.

**HÜRDE** »Der Chef *würde* mir ja mehr zahlen. Was ihn abschreckt, ist nur die Tatsache, dass der Staat durch Steuern und Sozialabgaben mitkassiert.«

**SPRUNG** Durch Direktversicherung, Firmenwagen, Weiterbildung usw. können Sie und Ihr Chef dem Staat ein Schnippchen schlagen – und werden zu Partnern in der Gehaltsverhandlung.

## Persönliches Gehaltsthermometer: Hört Ihr Chef auf dem Prämienohr?

Falls konkrete Ziele Sie zu Höchstleistungen anspornen, sollten Sie auf erfolgsabhängige Zahlungsmodelle drängen. Aber ist Ihr Chef überhaupt auf dem Prämienohr ansprechbar? Ihr persönliches Gehaltsthermometer gibt Ihnen einen Anhaltspunkt. Kreuzen Sie jeweils an, was am ehesten zutrifft.

**1. Sätze wie »Leistung soll sich lohnen« oder »Ich zahle nur für Leistung« ...**

a) ... würde mein Chef nie unterschreiben.

b) ... würden zu meinem Chef passen, kommen ihm aber nicht über die Lippen.

c) ... habe ich von meinem Chef schon gehört.

**2. Was, meinen Sie, hält Ihr Chef von fixen Lohnkosten durch eine Gehaltserhöhung?**

a) Findet er gut. Dann lässt sich berechnen, was pro Monat fällig wird.

b) Hält er bestimmt für etwas beamtenhaft.

c) Es wäre ihm wohl lieber, er könnte leistungsgerecht bezahlen – und so auch flexibler auf eine Leistung und die Finanzlage der Firma eingehen.

**3. Malen Sie sich aus, wie Ihr Chef reagieren würde, wenn Sie ihm eine Prämienvereinbarung vorschlagen.**

a) Davon will er bestimmt nichts wissen.

b) Hängt von der Höhe der Prämie ab.

c) Bestimmt zahlt er lieber eine Prämie als mehr Gehalt, weil er so eine zusätzliche Gegenleistung definieren kann.

**4. Trauen Sie Ihrem Chef zu, zusammen mit Ihnen messbare Ziele für Ihre Arbeit zu definieren?**

a) Der Chef weiß genau, dass sich meine Arbeit nicht messen lässt – weder in Qualität noch in Quantität.

b) Der Chef ist da sehr auf meine Hilfe angewiesen – und ich bin nicht sicher, ob er mir völlig traut.

c) Der Chef hat eine klare Vorstellung, wohin die Reise an meinem Arbeitsplatz gehen soll. Wir einigen uns bestimmt auf ein klar definiertes Ziel.

**5. Werden in Ihrer Firma schon Prämien und erfolgsabhängige Sonderleistungen gezahlt?**

a) Mit Sicherheit nicht.

b) Ich habe solche Gerüchte schon gehört.

c) Ja, das weiß ich definitiv.

## Auswertung

Welchen Buchstaben haben Sie am häufigsten angekreuzt? Dann steht Ihr Gehaltsthermometer so:

a) **Eiskalt:** Ihr Chef will, falls Sie ihn richtig einschätzen, nichts von erfolgsabhängiger Bezahlung wissen. Deshalb sollten Sie lieber auf der Gehaltsschiene fahren.

b) **Lauwarm:** Die Prämie ist dem Chef noch nicht so vertraut wie das Gehalt – legen Sie ihm doch einfach seine Vorteile dar.

c) **Heiß:** Ihr Chef hört eindeutig auf dem Prämienohr. Mit etwas Glück können Sie einen recht hohen Betrag durchsetzen. Achten Sie auf eine klare Definition der Ziele.

# Teil II

# Das Gespräch zur Gehaltserhöhung

# Der Anlauf:
# So bereiten Sie die Verhandlung vor

## An welche Cheftür klopfen Sie?

Nehmen wir an, ich bin Ihr direkter Vorgesetzter, aber es gibt Götter über mir – Chefs also, die in der Firmenhierarchie noch höher schweben: Wen fragen Sie dann nach mehr Gehalt? Mich, der ich vielleicht die Achseln zucke und sage: »Ich geb's weiter.« Oder den »Big Boss« direkt?

Überlegen Sie, welche Folgen es hat, wenn Sie mich übergehen. Ich werde plötzlich von meinem Vorgesetzten angesprochen: »Herr Müller aus Ihrer Abteilung war bei mir und hat nach einer Gehaltserhöhung gefragt. Wie beurteilen Sie seine Leistung?«

Sofort schießt mir die Schamesröte ins Gesicht. Mein einziger Gedanke: Wie stehe ich jetzt vor *meinem* Chef da? Natürlich entsteht der Eindruck, Sie respektieren mich nicht als Vorgesetzten. Sonst wären Sie doch zu mir gekommen! Auf diese Weise untergraben Sie meine Autorität. Jetzt denkt der Big Boss vielleicht, ich hätte meine Abteilung nicht richtig im Griff. Und das wegen Ihnen! Na warte!

Sie können sich denken, wie mein Urteil über Ihre Leistung ausfällt: »Wenn Sie mich fragen: Der Mitarbeiter hat eine große

Klappe, aber nichts dahinter. Ich befürchte, er will uns gegeneinander ausspielen. Ich werde ihn mir vorknöpfen!«

Mein Chef wird froh sein, dass er sich nicht weiter mit Ihrer Anfrage herumschlagen muss. Offenbar kann er doch auf mich zählen! Und ich werde im Gespräch mit Ihnen 1000 gute Gründe finden, die gegen eine Gehaltserhöhung sprechen. Sogar auf die Gefahr hin, dass Sie das Unternehmen verlassen. Das wäre mir vielleicht sogar recht, denn wer hinter meinem Rücken die Fäden zum Big Boss spinnt, kommt zur passenden Zeit schnell auf die Idee, an meinem Stuhl zu sägen.

Der richtige Weg: Sprechen Sie erst mit mir! Das ist gut für mein Ego, ich bekomme das Gefühl: Sie nehmen mich ernst, trauen mir Entscheidungen zu. Vielleicht werde ich zu Ihrem Verbündeten und sage: »Ich würde ja gern erhöhen, aber die Entscheidung liegt bei …«

Nehmen Sie mich beim Wort! Bitten Sie mich, einen gemeinsamen Termin mit meinem Vorgesetzten zu vereinbaren. Gemeinsam deshalb, weil es immer besser ist, wenn Sie in eigener Sache sprechen können. Denn wenn ich Ihre Argumente weitertrage, woher wissen Sie dann, ob sie nicht wie beim Kinderspiel »Stille Post« verfälscht ankommen?

Außerdem kann es gut passieren, dass ich den Termin für Werbung in eigener Sache nutze (ich warte nämlich auf die nächste Beförderung!). Und dann fällt mir beim Herausgehen ein: »Ach so, wir wollten ja über den Gehaltswunsch von Herrn Müller …« – »Sagen Sie ihm, das wird erst mal nichts!« – »Gut.«

Wenn Sie aber dabei sind und ich bei Ihnen auch noch im Wort stehe (»Ich würde ja gern …«), ziehen wir an einem Strang – und kriegen die Gehaltserhöhung wahrscheinlich ins Trockene.

**HÜRDE** »Ich frage gleich den Chef meines Chefs nach mehr Gehalt. Er entscheidet ja ohnehin!«

**SPRUNG** Übergehen Sie bei Gehaltsforderungen niemals Ihren direkten Vorgesetzten, sondern machen Sie ihn zu Ihrem Verbündeten – dann haben Sie gute Karten.

## Wie groß darf der Gehaltssprung sein?

Noch bevor Sie Ihre Forderung beziffert haben, schlage ich in der Gehaltsverhandlung gern einen strengen Ton an: »Wie hoch soll die Erhöhung denn ausfallen – doch nicht etwa fünf Prozent?« Das soll klingen, als würde mich dieses Sümmchen in den Ruin treiben.

Vielleicht wollten Sie sieben Prozent fordern, disponieren aber angesichts dieser Einschüchterung ganz schnell um: »Nein, nein, fünf Prozent wären übertrieben; aber drei Prozent sollten es schon sein!« Na also! Wenn wir uns jetzt bei zwei Prozent treffen, sind das bei einem Gehalt von 2500 Euro gerade mal 50 Euro pro Monat (siehe auch »Der Geizige«, Seite 184).

»Besser als nichts«, werden Sie sagen. Doch übersehen Sie nicht mein Kalkül: Indem ich Ihr Gehalt erhöhe, stehen Sie moralisch in meiner Schuld. Ich kann jetzt höchste Leistungen von Ihnen fordern. Bei Überstunden will ich keine Klagen hören, bei Sonderprojekten vollen Einsatz sehen.

Gleichzeitig aber ist Ihnen der Weg für weitere Forderungen auf längere Zeit verbaut! In den nächsten 15 Monaten werde ich jede Gehaltsforderung empört zurückweisen: »Ich habe doch gerade erst Ihr Gehalt erhöht!«

Einen neuen Vorstoß werde ich erst nach eineinhalb bis zwei Jahren akzeptieren – sofern sich bis dahin Ihr Aufgaben- und Verantwortungsbereich erweitert hat.

Handeln Sie bei Gehaltsforderungen also nach dem Motto: Nicht kleckern, sondern klotzen! Entweder haben Sie eine Gehaltserhöhung verdient und können sie auch gut begründen – dann sollten Sie fünf bis zehn Prozent mehr Gehalt (oder sonstige Leistungen) fordern. Sogar 15 Prozent können angemessen sein, wenn Sie Außerordentliches geleistet haben oder wenn Ihr jetziges Gehalt weit unter Ihrem Marktwert liegt.

Natürlich sollte Ihre Forderung aus taktischen Gründen immer ein bisschen über dem liegen, was Sie tatsächlich wollen – dann kann ich mich als Chef beim Runterhandeln profilieren, und Sie bekommen trotzdem Ihr Wunschgehalt (siehe »Drei Ziele stecken, eine Summe fordern«, Seite 153).

Oder Sie kommen zu der Erkenntnis, dass Ihre Vorleistung für eine größere Gehaltsforderung noch nicht ausreicht. Dann sparen Sie sich lieber einen halbherzigen Vorstoß, der Ihnen im »Erfolgsfall« allenfalls die Hände bindet.

Besser legen Sie sich die nächsten sechs Monate so richtig ins Zeug. Ergreifen Sie bei Meetings das Wort, entwickeln Sie Ideen, machen Sie Überstunden. Und zwar so, dass ich es nicht übersehen kann. Jeden Tag legen Sie einen Stein für das solide Fundament einer Gehaltsforderung, die ihren Namen verdient hat – sagen wir zehn Prozent. Selbst wenn ich feilsche, werden Ihnen acht bis fünf Prozent bleiben – das Vier- bis Zweieinhalbfache der ursprünglichen zwei Prozent!

**HÜRDE** »Ich bin bescheiden mit meiner Gehaltsforderung – besser eine winzige Gehaltserhöhung als überhaupt keine.«
**SPRUNG** Bedenken Sie: Auch nach der kleinsten Gehaltserhöhung liegen Ihre Bezüge 18 bis 24 Monate auf Eis. Wenn Sie fordern, dann richtig – mindestens fünf bis zehn Prozent.

## Ideale Gelegenheiten: Dann fließt das Geld

Ob ich Ihrer Gehaltsforderung zustimme, hängt auch davon ab, wann Sie Ihren Vorstoß wagen. Damit meine ich nicht nur den Wochentag und die Uhrzeit des Termins (siehe »Terminwahl: Den Chef auf dem richtigen Fuß erwischen«, Seite 86), sondern auch die Begleitumstände. Was mich genauso wie Ihre persönliche Leistung interessiert, ist die Situation meiner Firma.

Das Barometer meiner Großzügigkeit steigt und fällt mit der Geschäftslage. Werfen Sie einen Blick auf die Wetterlage, bevor Sie Ihren Vorstoß wagen. Für Hochdruckeinfluss sorgen Erfolge wie:

- Die letzte Bilanz lag über den Erwartungen.
- Wir haben einen neuen Großkunden gewonnen.
- Ein neues Geschäftsfeld wird erschlossen.
- Der Börsengang ist geplant oder erfolgreich vollzogen.
- Ich werde befördert und Sie haben durch Ihre Zuarbeit einen wichtigen Anteil daran.
- Positive Analystenberichte und steigende Aktienkurse (falls wir schon an der Börse sind).
- Wir sorgen durch eine besondere Leistung in den Medien für Schlagzeilen.

- Ich werde von der Lokalzeitung zum »Unternehmer des Jahres« gewählt (eher unwahrscheinlich, aber nicht unmöglich).

Natürlich hat Ihre Gehaltsforderung bei »Hochdruck« bessere Aussichten, als wenn die Bilanz ein Schlag ins Wasser war, ein Großkunde abgesprungen ist oder mein Foto zwar die Zeitungen ziert, aber nur aufgrund eines Skandals.

Die gute Wirtschaftslage der Firma ist eine Grundlage, aber noch keine Begründung für Ihre Gehaltsforderung – Sie müssen mir nachweisen, was Ihr Anteil an diesem Erfolg ist. Persönliche Spitzenleistungen, zum Beispiel erfolgreich abgeschlossene Sonderprojekte, sind immer ein erstklassiger Aufhänger für Gehaltsgespräche. Darauf komme ich ausführlich bei den Trumpf-Argumenten für mehr Gehalt zurück (siehe Seite 101).

Aber bei welcher Gelegenheit sprechen Sie übers Gehalt? Entweder Sie vereinbaren einen gesonderten Termin – oder Sie nutzen willkommene Anlässe. Drei Beispiele:

**Leistungsgespräch**

Das Leistungsgespräch bietet Ihnen ideale Voraussetzungen, um übers Gehalt zu sprechen. Sie bekommen die Gelegenheit, Ihre Arbeit darzustellen. Und Sie hören, was ich dazu meine (siehe auch »So wird der Chef im Leistungsgespräch Ihr Gönner«, Seite 31). Noch dazu treffen wir eine Vereinbarung über Ihre Arbeitsziele der Zukunft.

Bevor Sie aufs Thema Gehalt kommen: Warten Sie ab, ob ich mit Ihrer Leistung zufrieden bin. Das ist die Voraussetzung für mehr Geld. Jedes Wort, mit dem ich Sie lobe, kann Ihnen als

Grundstein für eine Forderung dienen. Je mehr es sind, desto besser.

## Beförderung

Indem ich Sie befördere, erkenne ich Ihre Spitzenleistung an. Also bin ich mit dem Gehalt im Zugzwang. Weisen Sie mich darauf hin, dass beides für Sie untrennbar zusammenhängt.

Keinesfalls sollten Sie schon allein auf die Beförderung euphorisch reagieren. Sonst speise ich Sie womöglich mit einem neuen Titel ab, während Ihr Gehalt und Ihre Aufgabe unverändert bleiben. Auch taktisch ist die Beförderung aus meiner Sicht ein kluger Zug: Nun sind Sie zunächst an mein Unternehmen gebunden; Sie müssen sich erst in der neuen Position etablieren, bevor Sie bei einer Bewerbung damit wuchern können (siehe Seite 172, »Der Listige«).

## Wechsel in der Firma

Was halten Sie davon, sich auf firmeninterne Ausschreibungen zu bewerben? Und zwar auf Posten, die mehr Verantwortung als Ihr jetziger mit sich bringen. Entweder unterstütze ich Ihre Bewerbung, denn es ist gut für mein Image als Abteilungsleiter, wenn die besten Pferde aus meinem Stall kommen. Begleitet von meinem Lobgesang haben Sie leichtes Verhandlungsspiel bei meinem Chefkollegen. Oder ich will Ihre Abwanderung verhindern, indem ich mit einem Satz wie »Liegt es denn am Gehalt?« die Bereitschaft zu einer Erhöhung signalisiere. Auch keine schlechte Gelegenheit!

**HÜRDE** »Im nächsten Dezember werde ich mehr Geld fordern. Nicht früher und nicht später!«

**SPRUNG** Seien Sie flexibel, was den Zeitpunkt Ihrer Forderung angeht: Gute Firmenergebnisse und -nachrichten erhöhen Ihre Chancen enorm, schlechte können sie zunichte machen.

## Mit Coaching in den Gehaltswettkampf

Stellen Sie sich die Gehaltsverhandlung wie einen Wettkampf vor, sagen wir einen 100-Meter-Lauf. Zu einem ganz bestimmten Zeitpunkt müssen Sie in Hochform sein – keinen Tag früher, keinen Tag später.

Dieses Timing erreichen Sie am einfachsten, indem Sie mit einem Coach arbeiten, ganz wie der Spitzensportler. Als Chef habe ich längst die Vorzüge des Coachings erkannt. Immer dann, wenn ich vor scheinbar nicht zu überwindenden Bergen stehe, engagiere ich einen Coach als Bergführer – und erklimme mit seiner Unterstützung die höchsten Leistungsgipfel!

Zu meinem Glück haben die meisten Mitarbeiter für sich die Chance der Einzelberatung noch nicht erkannt; sonst müsste ich mich bei der Gehaltsverhandlung warm anziehen! Ein Gehaltscoach würde Ihnen große Vorteile bieten:

- Er sieht Sie und Ihre Situation von außen. Wenn Sie mit ihm über Ihr Vorhaben der Gehaltsforderung diskutieren, kann er Sie auf völlig neue, wichtige Aspekte bringen. Der Arbeitsalltag macht Sie nämlich betriebsblind.
- Ein guter Coach hat Erfahrung in leitenden Funktionen gesammelt. Er kann schnell einschätzen, wie gut Ihre Chan-

cen auf eine Gehaltserhöhung stehen, wie meine Reaktion als Chef ausfallen wird und welche Vorbereitung Sie folglich brauchen.

- Der Coach hilft Ihnen systematisch über alle mentalen Hürden hinweg, die Sie zwischen sich und Ihrem Ziel, dem Vorstoß für die Gehaltserhöhung, noch sehen.

Den professionellen Coach erkennen Sie daran, dass er Ihnen keine Antworten gibt, sondern Fragen stellt. Er weiß, dass alle Fähigkeiten zum Erfolg in Ihnen liegen. Aber oft sind sie eingekapselt durch unvorteilhafte Gewohnheiten, ähnlich wie der Diamant im Felsklotz. Mit seinen Anregungen und Fragen befähigt Sie der Coach, das Beste aus sich und der Gehaltsverhandlung zu holen.

Nehmen wir an, es fällt Ihnen schwer, Ihre eigene Leistung anzupreisen – erst recht gegenüber mir, dem Chef. Eigentlich wollen Sie ja. Eigentlich wissen Sie auch, dass Sie müssten, besonders im Vorfeld einer Gehaltserhöhung. Aber …

Der Coach hilft Ihnen, dieses Aber zu überwinden. In kleinen Schritten, Zwischenziel für Zwischenziel, werden Sie Ihre Hemmungen ablegen und immer näher an Ihr Ziel kommen.

Stellen Sie sich einen Coachingprozess wie eine Bahnreise vor, deren Fahrplan am Beginn festgelegt wird: Die Endstation ist Ihr Gehaltsgespräch, die Stationen davor sind die Zwischenziele. Und so zwangsläufig wie ein Intercity, der in Richtung Norden Kassel, Göttingen und Hannover passiert, irgendwann in Hamburg ankommt – so zwangsläufig werden Sie Ihr Ziel erreichen, also das Bestmögliche aus der Gehaltsverhandlung holen.

Der Coach kontrolliert mit Ihnen, ob Sie pünktlich bei den

Zwischenzielen sind. Bleiben Sie hinter dem Fahrplan zurück, erforscht er mit Ihnen, woran es liegt – und gemeinsam bringen Sie wieder Schwung in die Sache.

Ein Gehaltscoaching kann in zwei bis fünf Stunden erledigt sein, wenn Sie nur letzte Klarheit für die Verhandlung suchen. Es kann aber auch zehn bis 15 Stunden dauern, wenn Sie von langer Hand Ihr Auftreten, Ihre Arbeitsleistungen und so auch Ihre Chancen auf mehr Gehalt erhöhen wollen.

Aber wie finden Sie einen Coach? Mit offenen Ohren! Hören Sie sich in Ihrem Freundes- und Bekanntenkreis um. Aber bitte meiden Sie jenen Coach, der in meinem Büro ein- und ausgeht; Sie könnten sich ein Trojanisches Pferd einhandeln.

Ich empfehle Ihnen Berater, die Erfahrung mit Personalwesen oder Gehaltscoaching haben. Ein professioneller Coach kostet 150 bis 400 Euro pro Stunde, aber er ist sein Geld wert. Eine Gehaltserhöhung von 250 Euro, die Sie heute mit seiner Unterstützung durchsetzen, addiert sich in zehn Jahren zu 30 000 Euro. Dann hat der Coach nicht mal die Zinsen gekostet – und Sie können seine Rechnung auch noch mit dem Finanzamt teilen.

**HÜRDE** »Ich weiß zwar, was ich tun müsste, um mehr Gehalt zu kriegen. Aber irgendwie steh ich mir selbst im Weg.«
**SPRUNG** Holen Sie sich Unterstützung durch einen (Gehalts-) Coach. Er wird Ihnen helfen, das Beste aus sich und aus Ihrer Gehaltsverhandlung herauszuholen.

## Kennen Sie Ihre Schokoladenseiten?

Meine Lieblingsfrage im Gehaltsgespräch: »Wodurch sind Sie dieses Geld Ihrer Meinung nach wert?« Jetzt sprudeln massenhaft Wörter wie »Einsatzfreude« und »Erfahrung«, wie »Flexibilität« und »Fleiß« aus dem Mund. Um ehrlich zu sein: Das klingt wie abgeschrieben aus meinem letzten Stelleninserat. Diese Eigenschaften sagen alles und nichts; so etwas wird jeder von sich behaupten.

Was mich überzeugt, ist nicht das Allgemeine. Ich möchte hören, was Sie, genau Sie, von der Masse der Mitarbeiter unterscheidet. Haben Sie über diese Frage schon einmal nachgedacht? Wenn nicht, wird es im Vorfeld der Verhandlung höchste Zeit!

Vergleichen Sie es mit einem Produkt, das ich auf den Markt bringe. Der Kunde will einen handfesten Grund, gerade diesen Artikel zu kaufen. Und jetzt stellen Sie sich vor, ich werbe zum Beispiel für Schokolade, indem ich sie als »lecker« bezeichne – das ist platt, nicht wahr?

Alle Schokoladen sind lecker – aber nur eine gilt als »die zarteste Versuchung, seit es Schokolade gibt«. Zack, da fasst ein Anker in meinem Kopf, da hebt eine (vermeintliche) Eigenschaft das Produkt aus der Masse. Schon beim Stichwort weiß ich, was gemeint ist.

Auf Ihre Leistung übertragen: »Fleißig«, »erfahren« oder »engagiert« stehen auf einer Ebene mit »lecker« – zum einen Ohr rein, zum anderen raus. Für mich nichts Besonderes, ich setze es voraus.

Darum: Arbeiten Sie Ihr persönliches Stärkenprofil heraus.

Marketingfachleute nennen das USP, Unique Selling Proposition, also einzigartiges Verkaufsversprechen.

Was hebt Sie aus der Masse Ihrer Kollegen hervor? Denken Sie in Superlativen. Es genügt nicht, eine zarte Versuchung oder eine lange Praline zu sein; wenn schon, dann die zarteste oder die längste!

Und hier liegt das Problem vieler Mitarbeiter: Sie wissen gar nicht, was sie dem Durchschnitt voraushaben. Gut für mich! Dann weiß ich auch nicht, warum ich das Gehalt über den Durchschnitt heben soll!

Also: Greifen Sie zum Stift und erstellen Sie eine Liste mit Ihren Stärken. Machen Sie sich einen Spaß daraus, möglichst viele zu finden. Wie viele fallen Ihnen ein? Fünf? Sechs? Sieben? Na, auf zehn kommen Sie mindestens!

Falls Ihnen mehr Schwächen als Stärken in den Sinn kommen, denken Sie wieder an die Werbung: Wird von der »zartesten Versuchung« gesagt, dass sie als Speck auf den Hüften kleben bleibt und hässliche Flecken verursacht, falls sie im Sommer aufs weiße Kleid fällt? Ihre Schwächen sehe ich als Chef ohnehin, darauf müssen Sie jetzt keine Energie verwenden.

Stellen Sie sich Fragen wie:

- Welche Talente bringe ich bei der Arbeit ein? Gibt es Tätigkeiten, die mir erfolgreicher als anderen von der Hand gehen?
- Wofür hat mein Chef oder einer seiner Vorgänger mich schon ausdrücklich gelobt? Gibt es ein Lob, das sich öfter wiederholt, vielleicht schon seit meiner Schulzeit?
- Welche fachlichen Erfahrungen und Branchenkenntnisse habe ich auf meinem Ausbildungs- und Berufsweg gesammelt? Welchen besonderen Vorteil hat die Firma dadurch?

- Inwieweit arbeite ich selbständig? Übernehme ich Verantwortung, bringe ich eigene Ideen ein? Nehme ich meinem Chef Arbeit und Entscheidungen ab?
- Was leiste ich zum Vorteil des Teams? Unterstütze ich andere, schlichte ich Konflikte, bin ich stark in Kommunikation und im Verhandeln? Mache ich meinem Chef dadurch die Führungsarbeit leichter?
- Inwiefern denke ich unternehmerisch? Gehe ich auf Kunden ein, entscheide ich kostenbewusst? Was spart oder gewinnt mein Chef dadurch?

Rufen Sie sich ganz konkrete Beispiele ins Gedächtnis, mit denen Sie mir Ihre Qualitäten belegen können. Und hüten Sie sich vor falscher Bescheidenheit. Wenn Sie Hemmungen haben, hilft Ihnen ein Trick: Denken Sie an einen guten Selbstverkäufer aus Ihrem Bekanntenkreis, der nie ein Blatt vor den Mund nimmt. Und dann fragen Sie sich: Womit würde er an Ihrer Stelle werben? Oder: Welche Eigenschaften schreiben Ihnen Freunde und Kollegen zu, die eine hohe Meinung von Ihnen haben?

Ich wette, Sie bekommen ein Stärkenprofil hin, das sich mit keinem der anderen Mitarbeiter in der Firma deckt. Und nun picken Sie sich das Markanteste, die längste Praline und die zarteste Versuchung, als Cocktail heraus.

Wenn Sie Ihren »Werbespot« schon im Alltag laufen lassen, komme ich erst gar nicht auf die Idee, Sie als Herdentier zu sehen (siehe »Weiß Ihr Vorgesetzter, was Sie wert sind?«, Seite 29). Dann weiß ich, wer Sie sind und was Sie können. Keine Frage, dass Ihr Gehalt bald mit Ihnen aus dem Durchschnitt ragt!

**HÜRDE** »Ich leiste gute Arbeit, darauf kommt es an. Was genau meine Stärken sind, tut nichts zur Sache.«

**SPRUNG** Sie müssen unbedingt Ihre eigenen Stärken kennen – nur dann können Sie sie dem Chef glaubwürdig verkaufen.

## Da staunt der Chef: Ihre Leistungsmappe

Sie glauben gar nicht, wie vielen Kandidaten die Munition im Gehaltsgespräch ausgeht. Auf meine Frage, was sie Besonderes geleistet haben, folgen zwei oder drei Verweise, meist sehr allgemeiner Art. Dann erntet mein »Und weiter?« ein ratloses Achselzucken.

Die Zeit übertüncht Leistungen und Erfolge. Mancher Joker, den Sie in der Gehaltsverhandlung ausspielen könnten, ist längst unter den Tisch der Erinnerung gefallen. Oder er kommt zu spät ans Licht: Haben Sie nicht auch schon erlebt, dass Ihnen die besten Argumente erst nach dem Gespräch einfallen, Motto: »Hätte ich doch bloß gesagt …«

Das alles können Sie vermeiden, indem Sie eine Leistungsmappe führen. Mich beeindrucken Mitarbeiter, die nicht nur von Ihren Leistungen reden, sondern sie auch belegen. Überraschen Sie mich doch mit einer kleinen Präsentation; dann wird das trockene Gespräch plötzlich interessant für mich.

Ihre Mappe bereiten Sie von langer Hand vor. Sie halten Ihre wichtigsten Leistungen und Entwicklungsschritte fest. Neugierig beginne ich zu blättern. Stimmt, Sie haben letztes Frühjahr einen großen Kunden an Land gezogen, hatte ich schon vergessen. Und dass Sie zwei Fortbildungen gemacht haben, eine sogar übers Wochenende, spricht auch nicht gerade gegen Ihre Motivation. Zumal Sie auf den Folgeseiten zeigen, bei welchen Projekten Sie dieses Wissen zum Vorteil der Firma eingebracht haben. Ach ja, und die Urlaubsvertretung für Ihre Kollegin machen Sie auch noch nebenbei!

Die Mappe soll ein Dokument Ihrer Arbeitsfreude sein, das Begeisterung und Tatendrang verströmt. Keinesfalls darf bei mir der Eindruck entstehen, Sie haben eine Beweissammlung gegen mich angelegt: Tagebuch eines Sklaven, der mit seinem Herrn abrechnen will …

Eine gute Leistungsmappe erfordert zwar Arbeit, aber das zahlt sich im wahrsten Sinn aus:

- Sie präsentieren mir Ihre Leistungen wirklich vollständig; nichts fällt unter den Tisch.
- Sie geben gleichzeitig eine Arbeitsprobe in Sachen Präsentation ab.
- Sie beweisen mir, dass Sie organisieren und strategisch denken können. Schließlich merke ich der Mappe an, dass sie nicht über Nacht entstanden ist, sondern in kontinuierlicher Arbeit übers Jahr.
- Im Hinblick auf Ihren USP: Vielleicht sind Sie der erste Mitarbeiter in meiner Firma, der auf die Idee mit der Leistungsmappe kommt. Also sind Sie pfiffiger, intelligenter und mutiger als manch anderer. Schon das wird Sie in meinen Augen aus der Masse heben!
- Zu guter Letzt habe ich als Chef eine wunderbare Argumentationshilfe in der Hand, sofern es einen Vorgesetzten über mir gibt, der zu Ihrem Anliegen nicken muss.

**HÜRDE** »Ich habe genau im Kopf, was ich für die Firma leiste. Da brauche ich keinen Spickzettel!«

**SPRUNG** Durch eine Leistungsmappe stützen Sie nicht nur Ihr Gedächtnis; diese Präsentation macht Ihre Argumente für den Chef anschaulich und wird ihn auch als Arbeitsprobe beeindrucken.

## Terminwahl: Den Chef auf dem richtigen Fuß erwischen

Scheinbar ist der Termin ein unwichtiges Detail: Wo liegt der Unterschied, ob wir am Montag oder am Mittwoch über eine Gehaltserhöhung sprechen? Aber denken Sie nach: Bin ich am Montag nicht immer brummig, weil das Wochenende schon wieder vorbei ist und alle Telefone nach mir rufen?

Es ist von entscheidender Wichtigkeit für Sie, dass Sie mich in guter Laune erwischen. Ich darf nicht unter Zeitdruck stehen, und meine Gedanken müssen wirklich bei unserem Gespräch sein. Es kommt auf den richtigen Wochentag und die richtige Uhrzeit an.

Tun Sie alles, um mir ein paar günstige Termine vorzuschlagen, am besten in Abstimmung mit meiner Sekretärin. Denn unser Gespräch ist nur für Sie von großer Wichtigkeit – ich habe kein Problem damit, es zwischen zwei andere Termine zu quetschen.

Den meisten Chefkollegen geht es wie mir: Der Montag ist ein absoluter Stresstag. Also schlecht für einen Termin. Der Freitag dagegen lenkt die Gedanken schon aufs Wochenende. Ebenfalls ungünstig.

Bleiben Dienstag, Mittwoch und Donnerstag. Wählen Sie in Abstimmung mit meiner Sekretärin einen Tag, an dem ich keine anderen Termine von großer Wichtigkeit habe. Denn im Vorfeld einer Vorstandssitzung, einer Präsentation oder einer Pressekonferenz habe ich für Ihre Argumente einfach kein Ohr; mein Kopf wird von Gedanken blockiert, die für mich viel wichtiger sind als Ihr Gehalt.

Ebenfalls sollten Sie Termine kurz vor Feierabend meiden. Wenn meine Frau schon per Handy ankündigt, dass sie die Gans in den Ofen schiebt, erhöht sich eher die Lautstärke meines Magenknurrens als Ihr Gehalt.

Beobachten Sie meine Eigenarten: Gibt es eine Tageszeit, zu der Sie mich besonders offen und geduldig erleben? Bin ich morgens hellwach – oder eher ein Morgenmuffel? Bin ich nach dem Mittagessen zufrieden und gesprächig – oder sauer auf mich selbst, weil ich wieder in die Kalorienfalle getappt bin? Bringe ich aus Urlauben gute Laune mit, die noch ein paar Wochen hält – oder bin ich eher verstimmt, weil sich liegen gebliebene Arbeit auf meinem Schreibtisch türmt?

Tun Sie alles, um einen Termin zu finden, bei dem Sie mich höchstwahrscheinlich auf dem richtigen Fuß erwischen!

Für den unglücklichen Fall, dass mich am Morgen unseres Gehaltsgesprächs eine Hiobsbotschaft erreicht und ich durch die Gänge tobe: Kippen Sie den Termin mit einer Ausrede, statt ins offene Messer zu laufen. Ein paar Tage später sehen die Welt, meine Laune und Ihre Gehaltschancen wieder besser aus.

**HÜRDE** »Ich lass mir einen Termin vom Chef geben. Ziemlich egal, wann ich mit ihm über die Gehaltserhöhung spreche.«

**SPRUNG** Schlagen Sie selbst einen Termin vor – und zwar für einen Zeitpunkt, an dem der Chef erfahrungsgemäß gute Laune hat.

## Persönliches Gehaltsthermometer: Sind Sie vorbereitet für den Gehaltssprung?

Hier können Sie testen, wie weit Sie im Moment mit Ihrer mentalen, taktischen und sachlichen Vorbereitung aufs Gehaltsgespräch sind. Kreuzen Sie wieder an, was am ehesten zutrifft.

**1. Bei wem klopfen Sie an, um nach mehr Gehalt zu fragen?**

a) Was heißt, ich soll anklopfen?! Die sollen gefälligst auf mich zukommen!

b) In jedem Fall bei meinem direkten Vorgesetzten. Es liegt an ihm, höhere Chefs bei der Entscheidung hinzuzuziehen.

c) Entweder bei meinem direkten oder bei dem nächsthöheren Vorgesetzten.

**2. Wie hoch sollte Ihre begründete Gehaltsforderung mindestens sein?**

a) Mal sehen, was mir der Chef anbietet.

b) Mindestens fünf Prozent.

c) Zwei bis drei Prozent wären o. k.

**3. Wann stehen die Chancen gut, dass Sie eine Gehalts-forderung durchsetzen können?**

a) Der Zeitpunkt spielt keine Rolle – es kommt nur auf meine Leistung an!

b) Wenn es positive Geschäftsmeldungen gibt, zum Beispiel ein Jahresergebnis über den Erwartungen.

c) Im Herbst, weil dann die Gehaltsetats fürs neue Jahr verteilt werden.

**4. Können Sie auf den Punkt bringen, was die Besonderheit Ihrer Leistung ist, also was Sie persönlich und fachlich Ihren Kollegen voraushaben?**

a) Ehrlich gesagt: Ich bin ein Herdentier, nicht schlechter, aber auch nicht besser als der Rest.

b) Ich weiß genau, was meine Stärken sind – und ich verkaufe sie dem Chef entsprechend.

c) Ein paar Stärken fallen mir schon ein. Aber »Besonderheiten« wäre übertrieben.

**5. Wie werden Sie Ihre Leistungen des letzten Jahres im Gehaltsgespräch belegen?**

a) Gar nicht nötig, mein Chef hat alles im Kopf.

b) Ich präsentiere mich dem Chef mit einer Leistungsmappe, das überzeugt.

c) Ich habe mir Stichwörter notiert und führe die Leistungen auf.

**6. Nach welchen Gesichtspunkten wählen Sie den Termin fürs Gehaltsgespräch?**

a) Wenn ich Geld brauche, klopfe ich einfach an. Alles andere wäre plumpes Aufschieben.

b) Ich werde berücksichtigen, wann zuletzt erhöht wurde, wie's der Firma geht und wann mein Chef erfahrungsgemäß einen freien Rücken und gute Laune hat.

c) Es kommt ausschließlich auf den Abstand zum letzten Gespräch und auf die aktuelle Wirtschaftslage der Firma an.

**Auswertung**

Welchen Buchstaben haben Sie am häufigsten angekreuzt?

a) **Eiskalt:** Bei Ihrer Vorbereitung verlassen Sie sich auf den Chef, den Zufall, aber nicht auf sich – und werden so im Gehaltsgespräch bald verlassen sein!

b) **Heiß:** Ihre Vorbereitung ist perfekt. Sie haben verstanden, worauf es ankommt, ob bei der Eigen-PR, der Taktik oder dem Termin. Jetzt müssen Sie nur noch die weiteren Stolperfallen beachten (siehe die folgenden Kapitel).

c) **Lauwarm:** Ihre Ansätze sind gut, aber Sie sollten noch konkreter werden und ein wenig an Ihrer Taktik feilen.

# Die Strategie:

# Diese Argumente sind Ihr Geld wert

## Was haben Sie Neues zu verkaufen?

Allein die Tatsache, dass Sie mit Ihrem Gehalt unzufrieden sind, rechtfertigt aus meiner Sicht noch lange keine Erhöhung. Immerhin steht nicht nur mein Autogramm unter dem Arbeitsvertrag, sondern auch Ihres. Kurz gesagt: Sie haben sich verpflichtet, für eben jenes Gehalt, das Sie jetzt bekommen, Ihre Arbeit zu machen.

Gut, Sie weisen mich vielleicht auf die Inflation hin. Die lässt sich aber meist mit ein paar Euro ausgleichen. Dazu braucht es keinen Gehaltssprung von fünf bis zehn Prozent, wie Sie ihn sich vorstellen.

Jetzt sitzen Sie in der Falle, stimmt's? Und ich reibe mir innerlich die Hände und packe Sie bei der Ehre: Ich stehe zu meiner Unterschrift – und Sie?

Natürlich stehen Sie auch dazu, das sollten Sie mir ausdrücklich versichern. Aber jetzt kommt der entscheidende Punkt: Jener Job, den Sie damals zu einem bestimmten Gehalt angenommen haben, existiert gar nicht mehr! Ihre Verantwortung und Ihr Aufgabengebiet sind gewachsen, also ist es nur logisch, dass Ihr Gehalt auch wächst.

Dieses Argument ist die Zahlenkombination, mit der Sie meinen Cheftresor knacken. Jetzt kommt es nur darauf an, dass Sie Ihre Worte auch belegen können – beispielsweise durch eine Leistungsmappe (siehe Seite 84).

Rufen Sie sich unser Einstellungsgespräch oder die letzte Gehaltsverhandlung ins Gedächtnis: Wie sah damals das Aufgabengebiet Ihres Arbeitsplatzes aus? Vielleicht liegt Ihnen sogar noch die Ausschreibung der Stelle oder die Aufgabenbeschreibung vor.

Im Vorfeld der Gehaltsverhandlung gehen Sie die einzelnen Punkte durch: Welche Aufgaben existieren noch – welche fallen nicht mehr an? Wahrscheinlich stellen Sie fest, dass ein großer Teil der Arbeit geblieben ist; aber ein paar Punkte werden sich auch erledigt haben.

Und nun legen Sie eine Liste an, auf der Sie neue Aufgaben festhalten – Aufgaben also, die damals, als Ihr jetziges Gehalt festgelegt wurde, noch nicht absehbar waren und in der Zwischenzeit dazugekommen sind.

Welche Tätigkeiten stehen nun auf Ihrer Liste? Solche, die mehr Erfahrung und Verantwortung als die ursprünglichen voraussetzen? Dann haben Sie gute Karten, mich als Chef zu überzeugen.

Betonen Sie aber, dass die zusätzlichen Aufgaben Ihre Arbeit noch interessanter machen und Ihnen eine Perspektive bieten. Keinesfalls darf bei mir das Gefühl entstehen, Sie wollen sich die Mehrarbeit mit einem Schmerzensgeld versüßen lassen.

Am besten schlagen Sie mir vor, die zusätzlichen Tätigkeiten in den Vertrag oder in die Aufgabenbeschreibung aufzunehmen. So machen Sie mir anschaulich, dass ich mehr Geld nicht für dieselbe, sondern für eine erweiterte Leistung zahle.

Gleichzeitig bekommen Sie eine wunderbare Grundlage für Ihre nächste Gehaltsforderung; bestimmt wandern bald wieder neue Aufgaben auf Ihren Tisch. Achten Sie aber darauf, dass bis zur nächsten Verhandlung eine Schamfrist von 18 bis 24 Monaten verstreicht. Sonst komme ich mir ausgenutzt vor, und der Cheftresor bleibt dicht.

**HÜRDE** »Ich habe mich ja auf ein bestimmtes Gehalt eingelassen – da ist es unfair, wenn ich jetzt mehr fordere.«
**SPRUNG** Seit der letzten Verhandlung haben Ihre Aufgaben und Ihre Verantwortung zugenommen. Also ist es nur logisch, dass auch Ihr Gehalt anzieht.

## Ihr Chef ist Egoist – helfen Sie ihm!

Jeder möchte gut vor seinem Chef dastehen. Das gilt für Sie, das gilt aber auch für mich (sofern es noch einen Chef über mir gibt, was ja leider meistens der Fall ist!). Wenn Sie mich bisher nur als Antreiber, Kontrolleur und Befehlenden gesehen haben, entgeht Ihnen die andere Hälfte der Wahrheit: Ich werde selbst angetrieben, kontrolliert und nehme Befehle entgegen. Einen Teil dieses Drucks gebe ich an Sie weiter.

Mein Gehalt als leitender Angestellter setzt sich anders zusammen als Ihres. Nicht selten hängt ein Drittel der Vergütung davon ab, ob ich mit meiner Abteilung die gesteckten Ziele erreiche. Wenn nicht, wird der Prämienstichtag für mich ein finanzielles Desaster. Zudem rücken die nächste Gehaltserhöhung und der nächste Schritt auf der Karriereleiter in weite Ferne.

Um meine Ziele zu erreichen, habe ich einen Etat, über den ich frei verfügen kann. Bei jedem Euro, den ich ausgebe, überlege ich in dieser Reihenfolge:

1. Bringt die Investition *mich* meinen Leistungszielen näher?
2. Bringt sie meine Abteilung weiter?
3. Bringt sie die Firma voran?

Am wichtigsten, Sie haben es geahnt, bin ich mir selbst. Dann erst kommen meine Abteilung und die Firma. Stimmen Sie Ihre Argumente und Ihren Einsatz auf diese Reihenfolge ab. Je näher mich Ihre Arbeit meinen Zielen bringt, je mehr sie mich in den Augen meines Chefs hebt, desto eher ist sie mir eine Gehaltserhöhung wert.

Überlegen Sie, was mein Chef von mir erwartet. In welche Richtung bewegt sich die Firma? Welche Rolle spielen ich und meine Abteilung dabei?

Bestimmt spreche ich von Zeit zu Zeit über den Erwartungsdruck, unter dem ich stehe, aber keiner hört richtig hin. Das Mitgefühl für einen Chef, der wiederum über seinen Chef jammert, hält sich in Grenzen.

Doch nur wenn Sie die Ziele kennen, die ich erreichen will, können Sie mir in der Gehaltsverhandlung zeigen, wie wertvoll Sie für mich sind. Entwickeln Sie Ideen und scheuen Sie sich nicht, bei passender Gelegenheit Ihre Kompetenz in meinen Dienst zu stellen.

Nehmen wir an, ich plane eine Präsentation bei meinem Chef, und Sie bereiten mir die Unterlagen vor. Nun könnten Sie denken: »Ich schreibe nur ein paar Fakten auf. Wäre ja noch schöner, dass ich die Arbeit mache und er das Lob kassiert.«

Oder ich muss eine Rede halten, und Sie schreiben den Text: Warum sollten Sie sich größte Mühe geben, wo doch später keine Hand für Sie klatschen wird?

Einfach deshalb, weil Sie auf diese Weise ganz dicke Pluspunkte bei mir sammeln. Sie bringen mich meinen Zielen näher. Ich steige im Ansehen meines Chefs und habe einen unmittelbaren Vorteil durch Ihre Arbeit. Das zahlt sich in der Gehaltsverhandlung für Sie aus.

Schon manche Sekretärin durfte auf der Gehaltsleiter in luftige Höhen steigen, weil sie ihren Chef perfekt beim Erreichen seiner Ziele unterstützt hat. Nicht selten sprang am Ende sogar eine Position in der Geschäftsleitung heraus. Bedenken Sie: Nicht die Leistung an sich wurde belohnt – als Sekretärin eines anderen hätte der Chef sie trotz derselben Qualitäten kaum zur Kenntnis genommen. Belohnt wurde das direkte Mitwirken am persönlichen Erfolg des Chefs.

Wenn Sie mir zu einem einzigen großen Auftritt vor meinem Chef verhelfen, wird diese Leistung in meinen Augen schwerer wiegen, als wenn Sie Jahr für Jahr fehler- und glanzlos Ihren Alltagskram erledigen.

**HÜRDE** »Ich mache meine Alltagsarbeit gut, das reicht, um den Chef sehr zu beeindrucken.«
**SPRUNG** Helfen Sie Ihrem Chef dabei, dass er seine Ziele erreichen und vor seinem Chef glänzen kann. Nichts ist ihm wichtiger, und nichts wird er eher belohnen.

## Stumpf-Argumente – und was sie beim Chef anrichten

Sie können sich nicht vorstellen, wie viele Arbeitnehmer mit Ihren Argumenten nur meinen Blutdruck, nicht aber ihr Gehalt in die Höhe treiben. Der eine rechnet mir naiv vor, was ihm die Bank jeden Monat für seinen neuen BMW abbucht. Der nächste fantasiert, bei der Konkurrenz könnte er das Doppelte verdienen. Und wieder ein anderer leitet aus seinem zehnjährigen Firmenjubiläum den Anspruch auf eine Gehaltserhöhung ab. Ja bin ich denn ein Geldesel?!

Was mich überzeugt, ist nicht Ihr Vorteil – sondern nur mein eigener! Und den lassen diese Stumpf-Argumente völlig außen vor. Ein paar häufig erlebte Beispiele, zur Nachahmung nur dann empfohlen, wenn Sie mir das Abschmettern der Gehaltserhöhung leicht machen wollen:

### »Ich habe gerade ein Haus gebaut. Da werden Sie verstehen, dass ich dringend mehr Geld brauche!«

IM STILLEN DENKE ICH: Sie leben über Ihre Verhältnisse, können wohl nicht mit Geld umgehen. Und jetzt soll ich mit einer Gehaltserhöhung in die Bresche springen. Bin ich verrückt?

DIE FOLGE FÜR SIE: Womöglich kommt mir der Verdacht, dass Sie ein verschwenderischer Mensch sind – nicht nur privat, auch in der Firma. Und wer garantiert mir außerdem, da Sie ja Geldprobleme haben, dass Sie sich nicht auf unfeine Weise an der Firma bereichern? Allein dieser Verdacht kann Sie für verantwortliche Aufgaben disqualifizieren und Ihnen auch künftig wie ein Felsklotz den Weg zu mehr Gehalt versperren.

### »Ich will ja nur das verdienen, was mein Kollege Huber auch bekommt!«

IM STILLEN DENKE ICH: Skandal! Sie tauschen sich hinter meinem Rücken mit Kollegen übers Gehalt aus – und wollen sich Ihre Illoyalität auch noch bezahlen lassen! Wer weiß, welche Vertraulichkeiten Sie sonst noch durch die Gegend posaunen.

DIE FOLGE FÜR SIE: Im schlimmsten Fall ächte ich Sie als Unruhestifter. Womöglich haben Sie diverse Kollegen zum munteren Gehaltsaustausch animiert, und ich darf es jetzt ausbaden. Mein Vertrauen zu Ihnen ist lädiert.

### »Ich bin schon viele Jahre dabei – Zeit für eine Gehaltserhöhung!«

IM STILLEN DENKE ICH: Sie glauben wohl, wir sind hier bei den Beamten! Nur dort wird das Absitzen von Dienstjahren gesondert belohnt. Bei uns in der freien Wirtschaft ist ein sicherer Arbeitsplatz schon Lohn genug.

DIE FOLGE FÜR SIE: Ich drehe den Spieß um und messe Sie an jüngeren Kollegen, die andere Stärken haben. Jedenfalls werde ich Ihnen deutlich machen, dass Dienstjahre absolut nichts über die Leistung sagen – und auf die kommt's mir an!

### »Jetzt eine Gehaltserhöhung – und ich werde in Zukunft richtig zupacken!«

IM STILLEN DENKE ICH: Morgen, morgen, nur nicht heute! Sie wollen mir die Taube auf dem Dach verkaufen. Eine gute Arbeitskraft krempelt die Ärmel immer hoch, unabhängig vom Gehalt. Der Fleiß entspringt dem Naturell eines Menschen, nicht seiner Gehaltsabrechnung.

DIE FOLGE FÜR SIE: Wenn ich um 21 Uhr schlecht gelaunt als Letzter aus der Firma gehe und in Ihrem Büro brennt kein Licht mehr, denke ich: Gut, dass ich diese Taube nicht gekauft habe – sie ist schon wieder früh ausgeflogen.

### »Mehr Geld – oder ich gehe zur Konkurrenz!«

IM STILLEN DENKE ICH: Erpressung! Wenn Sie glauben, die Firma geht ohne Sie den Bach runter, haben Sie sich aber geschnitten (siehe auch Seite 156, »Warum sich der Chef nicht erpressen lässt«).

DIE FOLGE FÜR SIE: Ich traue Ihnen nicht mehr über den Weg und achte darauf, dass keine vertraulichen Unterlagen und Informationen mehr über Ihren Tisch gehen. Vielleicht lasse ich sogar die von Ihrem Anschluss aus gewählten Telefonnummern prüfen – wer weiß, vielleicht arbeiten Sie heute schon der Konkurrenz zu!

### »In letzter Zeit nimmt die Arbeit zu, wir schaffen es kaum noch – jetzt will ich mehr Gehalt!«

IM STILLEN DENKE ICH: Aha, eine verkappte Drohung: Entweder mehr Geld – oder Sie lassen mich mit der Arbeit hängen. Dabei geben Sie zu, dass Mehrarbeit nicht die Regel ist, sondern erst »in letzter Zeit« auftaucht.

DIE FOLGE FÜR SIE: Ich schaue genau hin, was Sie leisten und was nicht. Wenn mir ein Kollege auffällt, der mehr schafft, reibe ich Ihnen das bei nächster Gelegenheit diskret unter die Nase.

### »Ich habe gesehen, Sie fahren einen neuen Dienstwagen, und die Firma baut schon wieder. Jetzt bin ich auch mal dran!«

IM STILLEN DENKE ICH: Unverschämtheit! Was geht Sie mein Dienstwagen an! Am Ende fragen Sie mich, ob mein Gehalt nicht auch jährlich angehoben wird. Nur weil mehr Geld da ist, heißt das noch lange nicht, dass jeder von dem Kuchen essen darf.

DIE FOLGE FÜR SIE: Ich werde mich Ihnen gegenüber reserviert verhalten. Es bleibt das ungute Gefühl, dass Sie gern auf fahrende Züge aufspringen, aber andere den Kessel heizen lassen.

### »Wo wir gerade beim Bier zusammensitzen: Wir haben ja wirklich ein gutes Verhältnis, daher möchte ich fragen ...«

IM STILLEN DENKE ICH: Todsünde! Sie verquicken unser privates und dienstliches Verhältnis. Die Gehaltsfrage gehört ins Büro, nicht als Überfall an den Stammtisch!

DIE FOLGE FÜR SIE: Ich bin sauer, ziehe mich aus dem privaten Kontakt zurück und lasse künftig den Chef ganz deutlich raushängen, um Missverständnissen vorzubeugen.

### »Entweder mehr Geld – oder ich mache keinen Fingerstreich mehr als nötig«

IM STILLEN DENKE ICH: Frust bis zur Unterkante der Oberlippe! Sie wird keine Motivationsspritze mehr aufrichten.

Wenn Sie jetzt in inneren Streik gehen, stecken Sie am Ende die ganze Abteilung an.

DIE FOLGE FÜR SIE: Ich mache die Probe aufs Exempel und setze Sie bei der Arbeit unter Druck. Wenn Sie tatsächlich verweigern, fällt mir im schlimmsten Fall ein Grund für eine Abmahnung ein.

### »Die Kollegen arbeiten viel weniger als ich – darum habe ich mehr Gehalt verdient!«

IM STILLEN DENKE ICH: Sie können offenbar keine eigene Top-Leistung ins Schaufenster stellen – darum haben Sie es nötig, auf die (angeblich) faule Ware der Nachbargeschäfte zu verweisen. Schäbiger Versuch, von eigenen Defiziten abzulenken!

DIE FOLGE FÜR SIE: Ich halte Sie für unkollegial, zweifle an Ihrer Teamfähigkeit und fürchte, dass Sie das Arbeitsklima vergiften. Das kann Ihnen die Mitarbeit an wichtigen Projekten und den Weg in eine Führungsposition verbauen.

### »Am Markt wird für meine Leistung das Doppelte gezahlt. Ich gebe mich mit einem Drittel mehr zufrieden!«

IM STILLEN DENKE ICH: Völlige Übertreibung, da brauchen wir gar nicht zu diskutieren! Wer so mit der Wahrheit umgeht, fantasiert auch aus jeder Pusteblume, die er für mich ausreißt, eine ganz dicke Eiche.

DIE FOLGE FÜR SIE: Ich nehme Sie als Gesprächspartner nicht mehr ernst und lege jedes Wort auf die Goldwaage. Auch Tatsachen aus Ihrem Mund wollen mir wie Übertreibungen scheinen.

**HÜRDE** »In der Gehaltsverhandlung sage ich ehrlich, warum ich mehr Geld möchte. Zum Beispiel, weil ich in Finanznot bin.«

**SPRUNG** Argumentieren Sie immer mit dem Vorteil des Chefs! Ihre privaten Motive dürfen Sie denken, aber nicht aussprechen.

## Trumpf-Argumente – und was sie beim Chef bewirken

Ob Ihre Argumente wie Trümpfe stechen, können Sie schon im Voraus testen. Vergessen Sie für einen Augenblick, worum es Ihnen geht, und betrachten Sie Ihre Argumente aus meiner Sicht als Chef.

Meine Frage ist immer dieselbe: Was habe *ich* von der Gehaltserhöhung? Welche Vorteile bringt mir ein Ja zu Ihrer Forderung? Und welche Gefahr laufe ich mit einem Nein? Unterm Strich dieser Rechnung muss stehen: Die Gehaltserhöhung bringt mir mehr, als sie mich kostet. Gelingt es Ihren Argumenten, mir diesen Vorteil deutlich zu machen? Dann sind es wahre Trümpfe!

Bedenken Sie dabei: Im Idealfall entsteht bei mir der Eindruck, Ihre bisherige Leistung war erst der Anfang, Sie legen noch nach. Denn was Sie fürs alte Gehalt schon geleistet haben, ist für mich wie ein gekauftes Grundstück. Wird nachträglich eine Ölquelle entdeckt, erhöhe ich den Kaufpreis nicht rückwirkend, sondern reibe mir über das gute Geschäft die Hände. Ist das Grundstück aber nur zeitlich begrenzt gepachtet, muss ich mir meine Rechte für die Zukunft sichern – und investiere weiteres Geld.

Ideale Trumpf-Argumente haben ihre Wurzeln in der Vergangenheit (Sie haben etwas Großes geleistet), ihre Triebe in der Zukunft (Sie legen noch nach), und alle werfen sie Früchte für mich ab (das heißt, sie bringen oder sparen Geld). Je konkreter Sie werden, je anschaulicher Sie meinen Vorteil ausmalen, desto besser sind Ihre Chancen.

Es gibt fünf Argumente, mit denen Sie mich in der Gehaltsverhandlung wirklich überzeugen können. Ich stelle Ihnen diese Trumpfargumente vor, jeweils mit Beispielen für Leistungen und mit Anregungen für Wege, die Sie selbst beschreiten können:

### Trumpf 1: »Die Firma spart Geld durch mich«

Bei diesem Thema fahre ich die Ohren ganz weit aus! Nutzen Sie die einmalige Chance und werden Sie konkret. Also nicht, falls Sie Einkäufer sind: »Ich habe den Zulieferer im Preis gedrückt.« Sondern (wenn's in etwa den Tatsachen entspricht): »Der Zulieferer wollte den Preis erhöhen, der ganze Markt zieht ja an. Da habe ich ihm die Zähne gezeigt. Und mit einem günstigeren Angebot geblufft. Erst wollte er nicht. Dachte schon, er springt ab. Aber schließlich wurde er doch weich – und gab satte zwei Prozent nach. Zwei Prozent! Pro Monat sparen wir 1500 Euro, pro Jahr 18 000. Auf zehn Jahre: 180 000 Euro! Jetzt hoffe ich, bei den anderen Lieferanten ist auch noch was drin.«

Sie merken: Die Dramatik der Erzählung hebt Ihre Leistung hervor, die Nennung und Hochrechnung der konkreten Zahlen macht mir die Tragweite der Einsparung klar. Und mit dem letzten Satz stellen Sie weitere Einsparungen in Aussicht. Musik in meinen Ohren!

Natürlich werde ich mit einer Gehaltserhöhung nicht geizen. Zum einen haben Sie deutlich mehr Geld gespart, als Sie fordern werden. Zum anderen motiviert Sie eine Erhöhung bestimmt, mit weiteren Lieferanten auf Euro komm raus zu feilschen.

Weitere Beispiele für Einsparungen, die mich in der Gehaltsverhandlung überzeugen:

- Sie ziehen eine Arbeit, die bislang ausgelagert wurde, zusätzlich auf den eigenen Schreibtisch. Da Freiberufler selten unter 50 Euro pro Stunde arbeiten, wird eine große Summe gespart.

- Durch persönliche Kontakte holen Sie einen neuen, hoch qualifizierten Mitarbeiter an Bord. Ich spare die Kosten für ein gewöhnliches Einstellungsverfahren. Auch auf die Dienste eines Personalberaters kann ich verzichten. Er würde mir zwei bis vier Monatsgehälter der vermittelten Arbeitskraft in Rechnung stellen – schnell 10 000 Euro und mehr!

- Auf Ihre Initiative wechseln wir den Versand- oder Telefonanbieter. Sogar in einer kleinen Firma sind locker 50 Euro pro Tag gespart – 1000 Euro auf vier Arbeitswochen.

- Sie übernehmen die Urlaubsvertretung eines Kollegen. Bislang sprang immer eine teure Zeitarbeitsvermittlung ein.

- Sie präsentieren einen Leasingpartner für Dienstwagen, Kopierer oder andere Geräte, der die Preise des alten Anbieters deutlich unterbietet.

- Sie setzen es durch, dass bestimmte Vorgänge, die bisher über Briefpost liefen, zeit- und kostengünstiger per E-Mail erledigt werden.

- Sie decken Kosten auf, die durch ungenutzte Dienstleisterpauschalen, doppelte Zeitschriftenabos usw. entstehen.

- Sie regen an, Synergien zwischen den Abteilungen zu nutzen. So kann es zum Beispiel bei geplanter Anschaffung von zwei Farbkopierern (oder anderen Maschinen) der Mittelklasse sinnvoller und kostengünstiger sein, einen wirklich guten Farbkopierer an der räumlichen Schnittstelle zwischen den Abteilungen zu platzieren.

- Als Versandmitarbeiter schlagen Sie ein günstigeres Verpackungsmaterial vor, das täglich Geld spart.
- Durch einen Vorschlag, wie sich die Maschinen besser warten lassen, reduzieren Sie die Ausschussquote der Produktion.

### So fädeln Sie's ein

Spielen Sie lange vor Ihrer Gehaltsforderung gedanklich den Controller. Niemand kennt Ihren Arbeitsbereich und folglich auch die Sparmöglichkeiten so gut wie Sie. Schnell wird Ihnen auffallen: Eine Menge Geld fliegt zum Fenster raus, mal aus Gedankenlosigkeit, mal aus schlechter Gewohnheit. Legen Sie den Finger auf die Wunde und präsentieren Sie mir einen Vorschlag, wie sich die Löcher der Verschwendung stopfen lassen. Besser könnten Sie die Saat für eine Gehaltserhöhung nicht streuen!

**HÜRDE** »Ich werde dem Chef sagen, dass die Firma Geld durch mich spart.«
**SPRUNG** Beziffern Sie genau, was die Firma spart. Rechnen Sie die Beträge, wenn möglich, hoch und heben Sie hervor, was Sie dafür geleistet haben.

### Trumpf 2: »Die Firma verdient zusätzlich durch mich«

Gehen wir davon aus, Sie haben für meine Firma eine neue Einnahmequelle erschlossen. Vielleicht haben Sie mich von der Notwendigkeit eines Internetauftritts überzeugt. Nach zwei Jahren im Netz geht aus der Firmenbilanz hervor: Fünf Prozent aller Einnahmen werden übers Internet gemacht. Das Firmenergebnis insgesamt steigt überproportional, also handelt es sich höchstwahrscheinlich um ein zusätzliches Geschäft.

Auf dieser Grundlage können Sie gut argumentieren. Verweisen Sie freundlich darauf, dass dieses Zusatzgeschäft auf Ihrer Idee basiert. Bezeugen Sie mir Respekt, dass ich mich von Ihrer Idee habe überzeugen lassen (auch ich als Chef werde viel zu selten gelobt!). Und heben Sie nun hervor, wie sich die Umsätze vom ersten zum zweiten Jahr entwickelt haben – eine Steigerung von 100 oder 200 Prozent wäre in diesem Geschäftsfeld nicht ungewöhnlich. Schließlich malen Sie das Geschäft der Folgejahre aus – optimistisch, aber nicht utopisch, immer unter Nennung konkreter Summen. Natürlich kündigen Sie an, weitere Ideen einzubringen und sich auch künftig um das Projekt zu kümmern.

Im Kontrast zu den zusätzlichen Einnahmen, vor allem dem Potenzial, wird Ihre Gehaltsforderung ziemlich winzig wirken. Und wer weiß, auf welches neue Geschäftsfeld Sie mich morgen stoßen! Auch in diesem Fall nicke ich Ihre Gehaltsforderung ab.

Weitere Beispiele, wie Sie durch zusätzliche Einnahmen in der Gehaltsverhandlung (be) stechen:

- Sie haben durch persönliche Kontakte einen wichtigen Kunden an Land gezogen. Die Einnahmen durch den Auftrag liegen im fünf- oder sechsstelligen Bereich.
- Durch eine Idee von Ihnen wurde ein neues Produkt oder Angebot entwickelt, das sich für die Firma in barer Münze auszahlt.
- Sie publizieren in Fachmedien und machen auf diesem Wege kostenlose Werbung für die Firma. Immer wieder entstehen so neue, Gewinn bringende Geschäftskontakte.
- Als leitender Angestellter coachen Sie Ihre Mitarbeiter, bei-

spielsweise Außendienstler, so erfolgreich, dass sie ihre Umsätze in außergewöhnlichem Maß steigern.

- Durch gute Kontakte erfahren Sie von den Plänen einer Konkurrenzfirma, die mit einer neuen Idee ihre Marktposition ausbauen will. Ihre Information macht es mir möglich, schnell zu reagieren und als Erster auf dem neuen Feld zu ernten.

- Mit außergewöhnlichem Einsatz, auch nach Feierabend, haben Sie ein termingebundenes Projekt zum Erfolg geführt – und dem Unternehmen eine große Einnahme und eine viel versprechende Perspektive bei dem Kunden gesichert.

- Als Kreativer haben Sie durch besonderes Engagement bei einer Ausschreibung einen lukrativen Auftrag an Land gezogen.

- Im Vergleich zu Kollegen, die auf gleicher Ebene arbeiten, erwirtschaften Sie auffallend mehr Geld für die Firma. Das lässt sich zum Beispiel im Vertrieb anhand konkreter Zahlen belegen.

### So fädeln Sie's ein

Gehen Sie alle Möglichkeiten durch, wie Ihre Firma neue Kunden gewinnen, neue Geschäftsfelder erschließen könnte usw. Spicken Sie hemmungslos bei erfolgreichen Mitbewerbern: Gibt es Ideen, die sich – natürlich verbessert – übertragen lassen? Wenn ja: Klopfen Sie bei mir an. Wer der Firma zu Geld verhilft, soll auch welches bekommen!

**HÜRDE** »Ich werde dem Chef einfach vorrechnen, wie viel Geld ihm mein Arbeitsplatz bringt.«

**SPRUNG** Rücken Sie *zusätzliche* Leistungen in den Mittelpunkt, die über Ihre eigentliche Arbeit hinausgehen. Nicht Ihr Arbeitsplatz, sondern Ihre individuelle Leistung bringt im Idealfall die Mehreinnahme.

## Trumpf 3: »Ich nehme für die Firma zusätzliche Arbeit und Verantwortung wahr«

Oft bekommen Sie das Argument für eine Gehaltserhöhung von mir als Chef auf dem Silbertablett serviert. Und zwar gerade dann, wenn ich Ihnen scheinbar eine saure Gurke bringe. Zum Beispiel stürme ich in Ihr Büro und schicke ein Lob voraus, wie belastbar und fleißig Sie doch sind. Dann will ich Ihnen wieder mal ein Sonderprojekt auf den Schreibtisch packen, eine große, zusätzliche Arbeit.

Könnte ich Ihnen einen besseren Aufhänger für ein Gehaltsgespräch liefern? Natürlich sind Sie klug genug, die Annahme dieser Arbeit nicht von mehr Geld abhängig zu machen. Stattdessen gehen Sie in Vorleistung und handeln nach dem Motto: Eine Hand wäscht die andere.

Nehmen Sie die zusätzliche Arbeit ohne Wimpernzucken an. Gleichzeitig verweisen Sie auf Sonderprojekte der Vergangenheit und auf Ihre sonstige Arbeit, die auch nicht gerade weniger wird. Vor diesem Hintergrund können Sie mich um einen Termin bitten, um Ihre Perspektive in der Firma zu besprechen.

In diesem Gehaltsgespräch machen Sie dann am ganz konkreten Beispiel des Sonderprojekts Ihre zusätzliche Arbeit und Verantwortung anschaulich. Ich als Chef stehe unter doppeltem Zugzwang: sachlich und moralisch. Sachlich, weil das Sonderprojekt eine von mir geschaffene Tatsache ist; moralisch, weil

Sie durch Annahme der zusätzlichen Arbeit in Vorleistung gegangen sind. Jetzt bin ich am Zug!

Diese Taktik können Sie bei allen Sonderprojekten und Spezialaufgaben anwenden. Es muss sich allerdings um langfristige Arbeiten handeln, nicht nur um eine Tagesarbeit.

Weitere Beispiele:

- Sie kümmern sich auf meinen Wunsch neuerdings um die Auszubildenden oder neue Mitarbeiter in Ihrer Abteilung. Seither entwickeln sich deren Leistungen zum Besten.
- Sie sind durch privates Interesse spezialisiert auf ein arbeitsrelevantes Thema, zum Beispiel Zeit- oder Projektmanagement, Verhandlungstaktik oder Körpersprache. In Absprache mit mir halten Sie regelmäßig kleine Seminare, sodass die ganze Abteilung oder Firma von Ihrem Wissen profitiert.
- Sie investieren Zeit und Energie, um die zahlreichen Meetings in Ihrer Abteilung effektiver zu machen. Zum Beispiel führen Sie eine neue Form des Protokolls ein, das aus jedem Punkt der Tagesordnung konkrete Handlungen und Verantwortliche ableitet. Bei den Folgemeetings wird der Stand der Arbeit kontrolliert.
- Sie initiieren eine große Kundenbefragung, um die Stärken und Schwächen im Service zu erkennen. Die daraus abgeleiteten Erkenntnisse ermöglichen eine höhere Kundenzufriedenheit und somit verbesserte Umsätze.

### So fädeln Sie's ein

Fragen Sie sich: Womit kann ich den Chef vorwärtsbringen? Gibt es wichtige Arbeiten und Projekte, die keiner anpackt?

Schwachpunkte, die keiner behebt? Projekte, die Sie aufs Gleis bringen und bei denen Sie Ihre persönlichen Stärken in die Waagschale werfen können? Packen Sie's an! Bei Erfolg haben Sie bei mir einen Stein im Brett – und einen Fuß in der Tür für mehr Gehalt.

**HÜRDE** »Wenn der Chef mal wieder mit einem Sonderprojekt kommt, sage ich: ›Nur, wenn ich mehr Geld bekomme!‹«
**SPRUNG** Gehen Sie in Vorleistung und nehmen Sie Sonderprojekte an. So schaffen Sie Tatsachen, die Ihnen in der Gehaltsverhandlung den Rücken stärken.

### Trumpf 4: »Die Firma profitiert von meiner verbesserten Qualifikation«

Haben Sie Ihre Qualifikation in meinem Sinn weiterentwickelt? Haben Sie sich vor jeder Fortbildung gefragt: Was wünscht sich der Chef? Welche Fähigkeiten brauche ich, um seine Probleme (der Zukunft) zu lösen?

Wenn ja, haben Sie in der Gehaltsverhandlung leichtes Spiel.

Nehmen wir an, meine Firma expandiert in den Ostblock, vor allem nach Russland. Diese Entwicklung war seit einigen Jahren absehbar. Sie haben, als Sie das erste Gras wachsen hörten, einen Abendkurs in Russisch begonnen. Nun sprechen und schreiben Sie als einer der ganz wenigen Mitarbeiter in meiner Firma passables Russisch.

Natürlich steigert diese Qualifikation Ihren Wert für mich enorm. In einer Gehaltsverhandlung kann ich kaum anders, als auf Ihre Forderung einzugehen. Zumal dann, wenn Sie die Kenntnis auch noch in Ihrer Freizeit erworben haben!

Vielleicht übertrage ich Ihnen im gleichen Zuge eine bedeutendere Position und mehr Verantwortung. Natürlich werde ich Ihnen dienstlich die Möglichkeit verschaffen, Ihre Sprachkenntnisse weiter auszubauen. Das festigt Ihre Position für künftige Gehaltsverhandlungen.

Weitere Beispiele:

- Sie haben sich, obwohl Sie kein Informatiker sind, ein beachtliches Computer- und Internetwissen angeeignet. Immer öfter spielen Sie in der Firma bei Computerfragen und -problemen die Feuerwehr. Ihre eigene Arbeit machen Sie nach wie vor ohne Qualitätsverlust.
- Sie haben sich auf einem Fachgebiet, beispielsweise Projektmanagement, zum absoluten Experten gebildet. Zunehmend fragen Kollegen, vielleicht auch ich als Chef, Sie um Rat.
- Durch diverse Kommunikationsseminare haben Sie sich zum Spezialisten im Umgang mit schwierigen Kunden entwickelt. Nicht selten ziehen Sie durch Ihr Geschick neue Aufträge an Land oder besänftigen vergraulte Kunden.
- Bei der Umstellung Ihrer Firma auf einen neuen Geschäftsbereich, den noch keiner beherrscht, haben Sie sich als Erster auf das Thema eingeschossen.

### So fädeln Sie's ein

Analysieren Sie, wohin sich die Firma mittelfristig entwickelt. Welche Fähigkeiten werden Sie in zwei oder drei Jahren brauchen, um meine Probleme zu lösen? Bilden Sie sich fort auf einem Feld, das Sie wirklich interessiert, das nicht schon überlaufen ist und das Ihren Marktwert auch für andere Firmen erhöht.

Schlagen Sie mir dienstliche Weiterbildung vor, aber begreifen Sie die Erweiterung Ihres Wissens auch als eine Art Hobby. Im Idealfall machen Sie sich durch Ihre Qualifikation unentbehrlich und bilden in der Firma ein Monopol. Dann müssen Sie bei mir um eine Gehaltserhöhung nicht lange betteln.

**HÜRDE** »Ich achte darauf, dass ich genau die gleichen Fortbildungskurse wie meine Kollegen besuche. Ich will ja auf demselben Niveau bleiben!«

**SPRUNG** Bilden Sie sich zusätzlich auf einem Spezialgebiet weiter, das in Zukunft für Ihre Firma wichtig wird.

Ein Monopol an Wissen können Sie im Gehaltsgespräch teuer verkaufen.

### Trumpf 5: »Ich habe eine Spitzenleistung erbracht«

Nehmen wir an, Sie haben größte Arbeitsberge bewältigt, langfristige Projekte angeschoben, zahllose Dienstreisen absolviert oder viel versprechende Ideen entwickelt – Leistungen, die zwar weit über dem Durchschnitt liegen, deren Wert sich aber nicht auf Euro und Cent beziffern lässt.

Wie können Sie mich dann überzeugen, dass Sie mehr Gehalt verdient haben? Mit Fakten, Fakten, Fakten! Je mehr Zahlen und Tatsachen Sie auf den Tisch legen, desto ernster nehme ich Ihre Argumente.

Die Aussage, dass Sie »viele Überstunden gemacht« haben, ist für mich eine Nullnummer. Eine ganz andere Wirkung erzielen Sie mit: »Ich habe letztes Jahr außerordentlich viele Überstunden gemacht, um das Projekt Möller voranzutreiben – im Januar waren es zum Beispiel 19 Überstunden, im März 28, im

Juli 24. Insgesamt komme ich auf 118 Überstunden – das entspricht drei Arbeitswochen. Das Projekt, Sie erinnern sich, war ein großer Erfolg.«

Ich kann mich der Macht dieser Fakten nur schwer entziehen – am allerwenigsten dann, wenn Sie freundlich argumentieren und keineswegs vorwurfsvoll. Sonst reagiere ich trotzig.

Die drei Zauberwörter für eine Spitzenleistung heißen (in genau dieser Reihenfolge): Engagement, Initiative und Ideen. Belegen Sie mir, dass Sie, ganz anders als viele Ihrer Mitarbeiter, meine Peitsche nicht brauchen – sondern aus eigenem Antrieb die Kutsche über den Berg ziehen.

Weitere Beispiele:

- Sie machen regelmäßig Überstunden oder nehmen Arbeit mit nach Hause, obwohl Sie auch in Ihrer Dienstzeit zügig arbeiten.
- Als Vorgesetzter haben Sie die durchschnittlichen Fehlzeiten Ihrer Mitarbeiter durch Gespräche mit ihnen von neun auf fünf Prozent reduziert.
- Sie stellen sich als »Pate« für neue Kollegen zur Verfügung und führen sie fachlich und menschlich ein.
- Sie treiben wichtige Projekte voran.
- Sie kennen die Jahresziele der Firma und leiten in Ihrem Bereich die nötigen Maßnahmen ein, natürlich in Abstimmung mit mir.
- Sie nehmen mir aus eigenem Antrieb Arbeiten ab, von denen Sie wissen, dass ich nicht daran hänge.
- Sie ziehen aus der Beobachtung von Mitbewerbern Schlüsse, wo das Unternehmen noch Verbesserungsbedarf hat. Sie ma-

chen mir entsprechende Vorschläge und kümmern sich um die Umsetzung.

- Sie gründen einen Fachkreis in der Firma, der sich in bestimmten Abständen nach Feierabend mit einem betriebsrelevanten Thema befasst.
- Sie haben insgesamt den Eindruck, dass Ihr Arbeitspensum deutlich über dem der Kollegen liegt – und Sie können das auch belegen!

### So fädeln Sie's ein

Tun Sie so, als wären Sie selbst der Unternehmer! Entwickeln Sie Ideen, treiben Sie Projekte voran, schauen Sie abends nicht auf die Uhr und nehmen Sie auch Aufgaben an, vor denen sich die Kollegen drücken. Aber konzentrieren Sie sich aufs Wesentliche (also darauf, was mir wichtig ist!) – nicht der kleine Wasserträger kommt weiter, sondern der Feuerwehrmann, der vor meinen Augen die Arbeitsbrände löscht.

**HÜRDE** »Ich werde dem Chef sagen, dass ich mich wirklich angestrengt und deshalb mehr Geld verdient habe.«
**SPRUNG** Benennen und beziffern Sie Ihre Spitzenleistung so konkret wie möglich: Wie viele Überstunden, Projekte usw.? Mit welchem Erfolg? Für den Chef zählt nur, was sich tatsächlich zählen lässt.

## Spielen Sie Ihre Karten strategisch aus

Stellen Sie sich die Verhandlung wie ein Pokerspiel vor. Natürlich können Sie Ihre beste Karte gleich auf den Tisch knallen. Aber wenn es mir gelingt, mit einem guten Blatt zu reagieren – was bleibt Ihnen dann für den Rest des Spieles?

Tatsächlich lassen die meisten Arbeitnehmer Ihr bestes Argument gleich zu Beginn der Verhandlung verpuffen. Logischerweise folgen Argumente, die schwächer und schwächer werden. Und schließlich, gegen Ende der Verhandlung, wenn meine Entscheidung gefragt ist, werde ich nur noch mit Klein- oder Scheinargumenten konfrontiert.

Natürlich mache ich mir ein Vergnügen daraus, die schlechten Argumente in der Luft zu zerpflücken. Oft gelingt mir das so überzeugend, dass sogar der Arbeitnehmer mit dem Kopf nickt. Ihm geht es wie mir: Sein bestes Argument vom Anfang ist ihm nicht mehr gegenwärtig.

Der Erfolg Ihrer Gehaltsverhandlung hängt also wesentlich davon ab, in welcher Reihenfolge Sie Ihre Argumente vortragen. An Ihrer Stelle würde ich mich auf die drei stärksten Punkte konzentrieren. Mehr Argumente zerstreuen die Aufmerksamkeit.

Beginnen Sie mit dem zweitstärksten Argument. Das weckt meine Aufmerksamkeit. Ich spüre, dass Ihr Anliegen ernst zu nehmen ist. Nun fahren Sie mit Ihrem drittstärksten Argument fort. Innerlich atme ich auf und wäge mich schon in Sicherheit. Aus strategischen Gründen werde ich das Gespräch so hinbiegen, dass die Waage gegen Ende nur leicht zu meinen Gunsten steht – Sie sollen sich ja nicht über den Tisch gezogen vorkommen!

Aber jetzt, kurz vor der Entscheidung, werfen Sie Ihr gewichtigstes Argument in die Verhandlung. Wahrscheinlich habe ich schon den großen Teil meiner Munition verschossen und kann nicht mehr angemessen kontern. Das bedeutet: Zum idealen Zeitpunkt kippt die Waage zu Ihren Gunsten.

Vielleicht werde ich noch ein Ausweichmanöver versuchen und Ihre schwächeren Argumente ans Licht ziehen. Lassen Sie sich dadurch nicht aus der Ruhe bringen, sondern kommen Sie gelassen auf Ihr Top-Argument zurück. Als fairer Verhandlungspartner, der ich natürlich sein will, kann ich mich und meinen Gehaltstresor einer offensichtlichen Logik nur schwer verschließen.

**HÜRDE** »Ich fange mit dem besten Argument an, dann weiß der Chef gleich, woher der Wind weht!«
**SPRUNG** Werfen Sie Ihr Top-Argument zuletzt in die Waagschale – nicht selten lässt es die Verhandlung zu Ihren Gunsten kippen.

## Was hält der Chef wohl dagegen?

Manche Mitarbeiter tragen ihre Argumente für mehr Gehalt perfekt vor. Doch sobald ich Kontra gebe, geraten sie ins Straucheln. Oft genügt ein einziges Gegenargument, um eine aussichtsreiche Forderung abzuwehren. Offenbar haben diese Kandidaten nur ihren eigenen Vorstoß geplant, nicht aber mit meiner Reaktion gerechnet.

Dabei lässt sich eine Gehaltsverhandlung niemals im Monolog gewinnen. Entscheidend ist für Sie die Frage: Welche Argumente werde ich, der Chef, Ihnen entgegenhalten? Und wie können Sie diese Hindernisse aus dem Weg räumen, womöglich noch als Trampolin zum Gehaltssprungnutzen?

Dieses Spiel gleicht einer Schachpartie. Als Meister denken Sie sich nicht nur Ihren Gegenzug auf meinen Konter aus, sondern wiederum meine Reaktion darauf, Ihre erneute Abwehr usw. Je lückenloser Ihre Vorbereitung auf mögliche Gegenargumente, desto größer die Chance, dass Sie mich in der Verhandlung überzeugen.

Ich empfehle Ihnen: Sichern Sie zumindest Ihre drei Trumpf-Argumente gegen meine Konter ab. Rufen Sie sich mich, den Chef, bei der Vorbereitung ins Gedächtnis. Was für ein Typ bin ich? Wie habe ich in der Vergangenheit auf Forderungen reagiert? Zu welchen Phrasen neige ich?

Auf dieser Grundlage malen Sie sich meine drei wahrscheinlichsten Reaktionen auf jedes Ihrer Argumente aus. Dann spielen Sie die Diskussion in Gedanken und beim Rollenspiel mit einem Partner durch (siehe »Probegespräch: Üben mit goldener Zunge«, Seite 119).

Mag sein, Sie wissen aus Ihrer Erfahrung mit mir, dass ich bei Forderungen von Mitarbeitern gern zu folgenden drei Cheftaktiken greife:

### 1. Angriff als Verteidigung

**Mein Vorgehen:** Ich unterstelle, dass Ihre Stärke eine Kehrseite hat. Muster: »Sie arbeiten zwar schnell, aber nicht besonders gründlich.« Oder: »… zwar gründlich, aber nicht besonders schnell« usw.

**Meine Absicht:** Ihr Selbstbewusstsein soll einen Dämpfer bekommen. Plötzlich stehen Sie mit dem Rücken zur Wand, müssen sich verteidigen und vergessen darüber Ihr eigentliches Anliegen.

## 2. Ablenkungsmanöver

**Mein Vorgehen:** Ich übergehe Ihren Vorzug (immer ein Indiz dafür, dass dieser Trumpf stechen kann!) und lenke auf ein anderes Thema, möglichst einen Schwachpunkt, der Ihre Leistung nachteilig darstellt.

**Meine Absicht:** Ich will verhindern, dass wir Ihren wahren Vorzug diskutieren – sonst müsste ich die Notwendigkeit der Gehaltserhöhung vielleicht sofort eingestehen.

## 3. Relativierung

**Mein Vorgehen:** Ich vergleiche Ihre Leistung so, dass sie ungünstig abschneidet: mit Jahren, in denen noch mehr zu tun war, mit Kollegen, die noch mehr leisten usw.

**Meine Absicht:** Ich will Ihnen den Wind aus den Segeln nehmen. Sie sollen davon abgelenkt werden, dass nur Ihre Leistung zur Debatte steht, nichts anderes.

Nehmen wir an, Sie wollen unter anderem mit Ihren zahlreichen Überstunden für mehr Gehalt argumentieren. Übertragen Sie also die genannten drei Cheftaktiken (oder solche, die Sie von mir erwarten) auf Ihr Anliegen. Ohne Vorbereitung könnte Sie jede meiner möglichen Antworten ins Straucheln bringen. So aber bereiten Sie in Ruhe Ihre Reaktion vor.

**Mein möglicher Angriff als Verteidigung:** »Ja, Sie haben tatsächlich viele Überstunden geleistet. Das finde ich beachtenswert. Allerdings sehe ich auch einen Zusammenhang mit Ihrem Arbeitstempo. Ihr Vorgänger hat dieselbe Leistung in der regulären Arbeitszeit geschafft.«

**Ihre mögliche Reaktion:** Bleiben Sie sachlich und selbstbewusst, statt verärgert oder geknickt zu reagieren: »Ja, mein Vorgänger konnte das schaffen. Er hat drei bis vier Projekte pro Jahr bewältigt – inzwischen sind es sechs bis sieben. Und die doppelte Arbeit braucht auch deutlich mehr Zeit. Nur weil ich schnell arbeite, kann ich das überhaupt schaffen.«

**Mein mögliches Ablenkungsmanöver:** »Ja, Ihre Überstunden sind ein wichtiger Punkt. Allerdings sollten wir nicht vergessen, dass Ihnen beim Projekt Meyer ein schwerer Fehler unterlaufen ist. Das hätte nicht passieren dürfen!«

**Ihre mögliche Reaktion:** Kommen Sie sachlich und bestimmt auf Ihr ursprüngliches Argument zurück, statt den für Sie ungünstigen Seitenpfad zu betreten: »Ich habe Sie auf meine Überstunden hingewiesen, weil das ein wichtiges Thema für mich ist. Diese zusätzliche Leistung möchte ich zusätzlich vergütet sehen.«

**Meine mögliche Relativierung:** »Ja, Sie haben Überstunden gemacht. Aber das tun wir doch alle. Manche Kollegen haben deutlich mehr Überstunden als Sie. Und nehmen Sie erst mal mich! Das gehört bei uns einfach dazu.«

**Ihre mögliche Reaktion:** Lassen Sie sich nicht auf die (angeblichen) Leistungen Ihrer Kollegen ein, sondern gehen Sie mit freundlichem Nachdruck auf Ihr individuelles Anliegen ein:

»Mir geht es um meinen ganz persönlichen Einsatz. Fest steht, dass ich deutlich mehr Arbeitsstunden als vereinbart leiste. Ich tue das auch gern – und möchte es beim Gehalt berücksichtigt sehen.«

Spielen Sie ruhig noch ein oder zwei folgende Antworten von mir und Erwiderungen von Ihnen durch. Dann ist es nahezu ausgeschlossen, dass ich Sie auf dem falschen Fuß erwische. Und wenn Sie auf meine Argumente überzeugend reagieren, werde ich mich auch überzeugen lassen!

Nur von einer Front droht noch Gefahr: Was ist mit unsachlichen Killerphrasen, die ich gegen jedes Argument schießen kann, zum Beispiel: »Wir können uns die Gehaltserhöhung nicht leisten« oder »Dieses Beispiel könnte Schule machen«? In Kapitel 8 zeige ich Ihnen, wie Sie mir diesen Zahn elegant ziehen (»Der unfaire Schlag mit der Phrasenkeule«, Seite 161).

**HÜRDE** »Gute Argumente sind alles! Der Chef wird sprachlos sein.«
**SPRUNG** Überlegen Sie bei jedem Ihrer Argumente, wie der Chef antworten kann und was Sie dann sagen.

## Probegespräch: Üben mit goldener Zunge

Natürlich habe ich viel Übung in Gehaltsgesprächen; schließlich sind Sie nicht der Erste, der mehr Geld will. Aber wie steht es mit Ihrer Routine? Je weniger Erfahrung Sie mit der Situation haben, desto größer ist Ihre Hemmung. Viele Mitarbeiter schei-

. tern in der Verhandlung, weil sie alles Mögliche sagen, nur nicht das, was sie sagen wollten.

Kein Redner würde ans Pult treten, kein Schauspieler die Bühne betreten, ohne den Auftritt geprobt zu haben – und zwar vielfach! Fehler, die sich bei der ersten Probe ausmerzen lassen, dürfen Ihnen die Premiere nicht verderben – erst recht nicht beim Gehaltsgespräch!

Zumal ich ein erfahrener Fallensteller bin. Mit kleinen rhetorischen Tricks werfe ich ungeübte Gesprächspartner völlig aus der Bahn. Immerhin übe ich meine Chefrolle nicht nur im Alltag, sondern auch in Rhetorikseminaren.

Darum: Bereiten Sie sich optimal auf die Gesprächssituation vor. Das gelingt Ihnen durch Rollenspiele. Ihr Partner spielt den Chef. Schildern Sie ihm, welche Reaktion Sie von mir im schlimmsten Fall erwarten. Dann stellen Sie das Gespräch bis ins Detail nach. Beginnen Sie mit dem Betreten des Zimmers, dem Smalltalk, und lenken Sie das Thema schließlich aufs Gehalt.

Ihr Gesprächspartner darf Sie nicht schonen, im Gegenteil: Je trickreicher und härter er die Chefrolle spielt, desto mehr wachsen Sie bei dieser Übung. Tauschen Sie sich nach Abschluss der »Verhandlung« aus. Wie hat Ihr Gesprächspartner Sie erlebt? Wirkte Ihr Auftritt selbstsicher genug? Sind die Argumente angekommen? Wo sieht er Ihre Schwächen und Unsicherheiten?

Horchen Sie auch in sich hinein: Was geht Ihnen schwer über die Lippen? Wie kommt das? Was können Sie tun, um Ihre Hemmungen abzubauen?

Führen Sie mindestens drei Probegespräche im Abstand von mehreren Tagen. Sie werden mit jedem Auftritt an Sicherheit und Zuversicht gewinnen. Irgendwann sagt Ihr Gesprächspartner: »Du machst das so gut – da kann der Chef kaum nein sagen!«

Mit diesem Selbstbewusstsein werden Sie dann in das Gespräch mit mir gehen – und feststellen, wie einfach sich die Proben auf die reale Situation übertragen lassen.

Ihre Vorbereitung bringt Sie mir gegenüber in den Vorteil: Sie haben dieses spezielle Gespräch viele Stunden lang geübt. Ich dagegen bin eher flüchtig vorbereitet – und mein letztes Rhetorikseminar ist vielleicht auch schon ein paar Tage her …

**HÜRDE** »Ich weiß ja, was ich dem Chef sagen will. Das kriege ich schon aus dem Stegreif hin!«

**SPRUNG** Üben Sie das Gehaltsgespräch unbedingt per Rollenspiel. So verlieren Sie Ihre Hemmungen und können Fehler vor dem entscheidenden Moment ausmerzen.

## Sind Sie wirklich zum Äußersten bereit?

Bevor Sie nun an meine Tür klopfen und einen Termin für das Gehaltsgespräch machen – gehen Sie noch einmal in sich: Sind Sie wirklich zum Äußersten bereit? Haben Sie genau überlegt, welche Konsequenzen Sie ziehen, falls ich mich nicht wenigstens auf Ihre Mindestforderung einlasse?

Nun könnten Sie sagen: »Ich versuch's einfach mal. Wenn's klappt – wunderbar. Und sonst ist auch nichts verloren.« Aber haben Sie bedacht, dass Ihre innere Überzeugung jener Brunnen ist, aus dem Sie in der Verhandlung Ihre Argumente und Ihr

Selbstbewusstsein schöpfen müssen? Und wenn dieses Wasser von Gleichgültigkeit getrübt ist, wie wollen Sie mir die Notwendigkeit einer Gehaltserhöhung dann glasklar vor Augen führen?

Ihre Gehaltsforderung wird mich nur dann überzeugen, wenn Sie selbst davon überzeugt sind. Meine Entscheidung zu Ihren Gunsten hängt direkt von Ihrer Entschlossenheit ab, die Forderung auch durchzusetzen. Zur Not in einer anderen Firma.

Nur wenn Sie mit dieser konsequenten Haltung in die Verhandlung gehen, wird mir Ihr ganzes Auftreten signalisieren: Sie lassen keinen Versuchsballon steigen, sondern kennen Ihren Marktwert und haben keine Hemmung, ihn woanders zu erzielen, falls ich mich weigere.

Genau dieses Gefühl müssen Sie bei mir erzeugen – natürlich subtil und freundlich, nicht durch plumpe Erpressung (siehe »Warum sich der Chef nicht erpressen lässt«, Seite 156). Denn warum sollte ich Ihnen mehr Geld geben, wenn ich spüre, dass Sie Ihre Arbeit auch ohne Gehaltserhöhung noch über Jahre wie bisher erledigen? Sie werden zugeben: Ich wäre ein schlechter Geschäftsmann!

Wenn ich aber fürchten muss, Sie zu verlieren, ist die Chance groß, dass ich Sie mit mehr Geld bei der Stange halte (siehe »Der Chef spart, indem er Ihr Gehalt erhöht!«, Seite 21). Das wird Sie motivieren und Ihr Selbstbewusstsein weiter steigern.

Dagegen könnte ein Korb, den Sie durch eine halbherzige Forderung heraufbeschwören, den reinsten Karriereknick verursachen: Ihre Motivation sinkt, Ihre Leistung wird nicht besser – und bei Ihrer nächsten Forderung bekommen Sie dann von mir zu hören: »Angesichts Ihrer Arbeitseinstellung brauchen wir gar nicht über mehr Gehalt zu reden!«

Lassen Sie es nicht so weit kommen! Wenn Ihr Gehaltswunsch und meine Gehaltswirklichkeit auch auf längere Sicht nicht unter einen Hut zu bringen sind, strecken Sie (vorsichtig) Ihre Fühler auf dem Arbeitsmarkt aus. Das können Sie auch schon im Vorfeld der Gehaltsverhandlung tun. Ein Joker im Ärmel stärkt Ihnen den Rücken!

**HÜRDE** »Versuch macht klug – ich schau einfach mal, ob's mit mehr Gehalt klappt!«

**SPRUNG** Sie müssen wild entschlossen sein, eine Gehaltserhöhung durchzusetzen. Sonst sind Sie zum Scheitern verurteilt.

## Persönliches Gehaltsthermometer: Haben Sie gute Argumente für mehr Geld?

Ihre Verhandlung kann nur so gut wie Ihre Argumente sein. Testen Sie, ob Ihre Argumentation vor dem Chef bestehen kann. Kreuzen Sie jeweils an, was am ehesten zutrifft.

### 1. Wie hat sich Ihr Tätigkeits- und Verantwortungsfeld seit Vertragsabschluss oder seit Ihrer letzten Gehaltserhöhung verändert?

a) Ich nehme eindeutig andere Aufgaben und mehr Verantwortung wahr.

b) Die Aufgaben haben sich zum Teil verändert, die Arbeit hat zugenommen.

c) Alles beim Alten. Eher weniger Arbeit.

## 2. Wissen Sie, woran Ihr Chef gemessen wird?

a) Ich habe mich informiert, was die konkreten Ziele sind, und unterstütze ihn auf dem Weg dorthin.

b) Sicherlich an seinem Erfolg.

c) Ich stecke meine Nase nicht in fremde Angelegenheiten.

## 3. Haben Sie in den vergangenen zwölf Monaten Besonderes geleistet – etwa der Firma zusätzliches Geld gebracht oder erspart, Sonderprojekte gestemmt usw.?

a) Ja – und ich kann auch ungefähr beziffern, was es der Firma gebracht hat.

b) Ich denke schon. Aber das lässt sich schwer nachweisen.

c) Nein, bestimmt nicht.

## 4. Hat sich Ihre Qualifikation für die Arbeit in den letzten 18 Monaten verbessert?

a) Ja, durch praktische Erfahrung und zusätzliche Fortbildung.

b) Natürlich habe ich dazugelernt.

c) Nicht dass ich wüsste.

## 5. Wie schätzen Sie Ihre Arbeitsleistung im Vergleich zu Kollegen ein?

a) Ich kann überdurchschnittliche Leistungen und besonderen Einsatz durch Arbeitsergebnisse und Überstunden belegen.

b) Ich habe das Gefühl, ich leiste mehr.

c) Höchstens durchschnittlich.

## 6. Haben Sie eine Ahnung, wie der Chef auf Ihre Argumente für mehr Gehalt reagiert?

a) Ich kann mir schon denken, welche Argumente der Chef dagegenhält – und weiß darauf Antwort.

b) Ich bin auf Widerspruch gefasst, kann aber nur schwer einschätzen, wie er aussieht.

c) Nein, bin doch kein Hellseher.

### Auswertung

Welchen Buchstaben haben Sie am häufigsten angekreuzt?

a) **Heiß:** Ihre Argumente sind hieb- und stichfest. Wenn Sie in der Verhandlung auch noch die Sympathie des Chefs gewinnen, kann (fast) nichts mehr schiefgehen.

b) **Lauwarm:** Ihre Argumente sind nicht schlecht. Sie müssen aber noch konkreter werden und dem Chef seinen Vorteil anschaulich machen.

c) **Eiskalt:** Sie haben es versäumt, die Saat für mehr Gehalt zu streuen. Folglich fehlen Ihnen jetzt die Argumente für die Ernte.

## Der Vorstoß:

# Wie Sie sich im Gespräch teuer verkaufen

### Aller Anfang ist leicht: Einstieg ins Gehaltsgespräch

Natürlich können Sie gleich mit der Tür ins Haus fallen: »Ich will mehr Geld, darum sitzen wir zusammen.« Aber das wäre ein Schlag vor meinen Kopf. Besser beginnen Sie mit einer Aufwärmphase, zum Beispiel durch ein paar Worte über ein gemeinsames Hobby.

Dann liegt es an Ihnen, bald zur Sache zu kommen – denn bis zum nächsten Termin habe ich meist nicht mehr als eine knappe Stunde Zeit.

Eine gute Überleitung zum Thema wäre: »Ich möchte mit Ihnen darüber sprechen, wie ich die Firma auch künftig voranbringen kann – und welche Perspektiven sich daraus für mich ergeben.«

Beachten Sie den Unterschied: Sie legen nicht mit dem los, was für Sie am interessantesten ist (mehr Geld), sondern mit dem für mich spannendsten Punkt (effektive Leistung).

Auch die Wortwahl ist wichtig: Wenn ich »Gehaltserhöhung« höre, und sei es nur im Radio, sträuben sich mir sämtliche Nackenhaare. Dieses Reizwort klingt in meinen Ohren nach Gewerkschaft, nach Erpressung der Arbeitgeber und nach übertriebener Forderung schlechthin.

Wenn Sie dagegen über Ihre Perspektiven sprechen, spüre ich kein Messer auf der Brust. Ich kann mir zwar denken, was gemeint ist – im Endeffekt dasselbe –, aber ich stehe dem Anliegen offener gegenüber.

Natürlich könnten Sie fragen: Muss ich wirklich um den heißen Brei herumreden? Klingen Wörter wie »Ausbaufähigkeit«, »Entwicklungschance« oder »Perspektive« nicht zu gestelzt? Verstehen Sie mich richtig: Im Lauf des Gesprächs werden Sie sehr deutlich auf den Punkt kommen. Nur: Der Einstieg in das Gespräch gleicht dem Kriechen durch einen Flaschenhals. Wenn Sie in den ersten Sekunden ein unwiderrufliches Nein bei mir auslösen, bleiben Sie stecken. Dabei würde sich Ihnen unmittelbar danach Raum für mehr Deutlichkeit öffnen.

Der sanfte Einstieg hält meine Ohren offen. Nun fahren Sie fort wie ein guter Verkäufer: Zunächst schildern Sie, was Ihr Produkt (also Sie) alles kann, warum es mir höchst nützlich war und noch nützlicher sein wird. Und erst dann, wenn ich innerlich schon »Gekauft!« sage, darf der Preis folgen.

Jetzt haben Sie eine Grundlage, um klar und deutlich zu sprechen. Den Begriff »Gehaltserhöhung« sollten Sie dennoch meiden. Sprechen Sie lieber davon, dass Ihr Gehalt um soundso viel Mark »verbessert« werden soll; »verbessert« klingt nach Reform, »erhöht« nach Wucher.

Wenn Sie recht gut verdienen, zum Beispiel 50 000 Euro im Jahr, rate ich Ihnen: Sprechen Sie besser von Prozenten als von absoluten Gehaltszahlen. Das hat psychologische Gründe: Zu zehn Prozent nicke ich leichter als zu 5000 Euro.

**HÜRDE** »Ich rede nicht lange um den heißen Brei herum und sage gleich zu Beginn: ›Ich möchte mehr Gehalt!‹«
**SPRUNG** Sprechen Sie erst davon, was Sie dem Chef bieten. Den Begriff »Gehaltserhöhung« sollten Sie generell meiden.

## Der Ton macht die Erfolgsmusik

Halten Sie die Gehaltsverhandlung für einen verbalen Boxkampf, bei dem gewinnt, wer seinen Gegner mit den besseren Argumenten K. o. schlägt? Vor der Antwort sollten Sie bedenken: Ich, der Chef, bin zugleich Kampfrichter! Und verbale Schläge in meine Magengrube nehmen mich nicht gerade für Sie ein.

Ich rate Ihnen, mich nicht als Gegner zu betrachten, sondern als Verbündeten, den es zu gewinnen gilt. Wecken Sie meine Sympathie für sich und Ihre Arbeit! Meine Entscheidung hängt nicht zuletzt von Ihrem Auftreten in der Verhandlung ab: Begegnen Sie mir freundlich und respektvoll? Oder springen Sie unhöflich und aggressiv mit mir um?

Mein Verhalten, gerade wenn Sie es beklagen, spiegelt oft nur Ihre innere und äußere Haltung wider. Gehen Sie beispielsweise mit der Einstellung ins Gehaltsgespräch, »Der Chef ist ein unfairer Kerl, der Hammer meiner Argumente kann ihn gar nicht hart genug treffen«, dann treten Sie kalt und angriffslustig auf. Ich werde spüren, dass Sie nicht viel von mir halten.

Was jetzt passiert, nennt man eine »sich selbst erfüllende Prophezeiung«: Obwohl ich eingangs vielleicht guter Dinge war, werde ich tatsächlich böse. Ihr rabiater Auftritt kratzt an meiner Autorität. Schließlich bin ich der Chef! Also verweise ich Sie mit allen Mitteln in Ihre Grenzen. Schon haben Sie tatsächlich einen »unfairen Kerl« vor sich!

Im Umkehrschluss liegt Ihre Chance: Wenn Sie fair, freundlich und respektvoll verhandeln, Vertrauen in meine Urteilskraft und meinen Charakter setzen, dann zahle ich mit derselben Münze zurück – und später auch in barer Münze, sofern mich Ihre Argumente überzeugen.

Die Kunst der Gehaltsverhandlung: Sie müssen verhindern, dass der sachliche Zündstoff zum Fegefeuer der Emotionen auflodert. Alles hängt von Ihrem Verhandlungsstil ab. Ein paar Grundsätze helfen Ihnen, ein gutes Gesprächsklima zu schaffen und in der Sache voranzukommen:

### Trennen Sie Person und Sache

Machen Sie sich bewusst, dass ich als Chef nur meine Pflicht tue. Mein Knausern in Gehaltsfragen richtet sich nicht gegen Sie, ich werde lediglich meiner Rolle gerecht. Oder würden Sie an meiner Stelle anders handeln? Nehmen Sie's sachlich, nicht persönlich. Dieses Verständnis für mich und meine Position wird Sie den richtigen Ton treffen lassen.

Ersetzen Sie anklagende Du-Botschaften durch mitteilende Ich-Botschaften. Was für ein Unterschied, ob Sie sagen: »Sie bezahlen mich schlecht!« (Du-Botschaft). Oder: »Ich fühle mich angesichts meiner Leistung nicht ausreichend bezahlt.« (Ich-Botschaft).

Bei der Du-Botschaft kommt bei mir der Vorwurf an: »Halsabschneider!« Meine Ohren verschließen sich der Sache. Ich habe nur ein Bedürfnis: mich zu verteidigen, um Ihre Vorwürfe richtigzustellen.

Bei der Ich-Botschaft dagegen erreicht mich Ihre sachliche Mitteilung: Sie meinen also, dass Sie für Ihre Arbeit zu wenig Geld bekommen. Auch falls ich anderer Meinung bin: Diese Haltung kann ich Ihnen nicht verübeln. So konzentrieren sich meine Gedanken auf die Sache. Ich bin offen fürs weitere Gespräch, und Sie können Punkte sammeln.

Durch Ich-Botschaften signalisieren Sie Offenheit und Vertrauen. Das färbt auch auf meinen Gesprächsstil ab.

### Hören Sie aktiv zu!

Keiner versteht mich! Und das nur, weil ich die Welt mit den Augen des Chefs sehe. Meine Sparsamkeit, die Arbeitsplätze sichert, wird für Geiz gehalten. Und wenn ich mal auf die Zeit achte, um pünktlichen Kundenservice zu garantieren, gelte ich als Tyrann mit Stoppuhr.

Da ich auch nur ein Mensch bin, sehne ich mich nach Verständnis und offenen Ohren. Wenn Sie mir beides schenken, steigt das Barometer meiner Laune – und mit ihm die Chance auf mehr Geld. Alles, was Sie tun müssen: Hören Sie aktiv zu!

Zeigen Sie mir Ihre Aufmerksamkeit, wenn ich spreche. Schauen Sie mich an, neigen Sie sich leicht nach vorn, nicken Sie von Zeit zu Zeit. Wörter wie »verstehe« oder »o. k.« demonstrieren mir, dass Sie bei der Sache sind.

Wenn ich ausgesprochen habe – wirklich ausgesprochen, nicht von Ihnen unterbrochen! –, fassen Sie den Kern meiner Aussagen kurz in eigene Worte. Dabei gehen Sie auf den Inhalt ein, aber auch auf mein Gefühl dahinter.

Zum Beispiel: »Verstehe ich Sie richtig: Sie sind mit meiner Arbeit zufrieden, besonders mit der Art, wie ich mit Kunden umgehe. Aber die momentane Geschäftslage besorgt Sie und erschwert eine Gehaltsverbesserung?«

Entweder, Sie haben mit Inhalt und Gefühl (»besorgt Sie«) meine Intention getroffen. Dann sage ich »ja« und bin beeindruckt von Ihrer Auffassungsgabe: Sie müssen schon ein heller Kopf sein, um meinen Gedanken, die ich natürlich für intelligent halte, so schnell folgen zu können! Ich fühle mich verstanden und lasse über die Sache mit mir reden.

Oder Sie liegen falsch. Dann liefere ich Ihnen die nötige Information nach, zum Beispiel: »Nein, die momentane Geschäftslage besorgt mich noch nicht – aber die ungewisse Aussicht für den nächsten Sommer.« Aha!

Haken Sie noch einmal nach: »Sie fürchten also, Sie könnten eine Verbesserung meines Gehalts bei einem rapiden Geschäftsrückgang im Sommer bereuen.« – »Ja, genau.« Nun wissen Sie dank des aktiven Zuhörens (sofern ich ehrlich bin): Im Moment würde ich erhöhen – aber eine ungewisse Befürchtung hält mich davon ab. Ein klassischer Fall für eine Alternativlösung, zum Beispiel: Sie schlagen, mit ausdrücklicher Rücksicht auf meine Bedenken, eine nur kleine Gehaltserhöhung vor – aber gleichzeitig eine umsatzabhängige Provision, die bei positivem Geschäftsverlauf greift. Sie nehmen mich ernst, kommen auf mich zu – wie soll ich da ablehnen?

Drei weitere Vorteile des aktiven Zuhörens:
- Falls ich ein Vielredner bin, kann mich, auch wenn es paradox klingt, gerade aktives Zuhören bremsen: Oft wiederhole ich mich nur deshalb, weil ich den Eindruck habe, dass Sie mich nicht verstehen.

- Wenn ich aus taktischen Gründen um den heißen Brei rede, können Sie mich durch geschlossene Fragen – also solche, die nur mit Ja oder Nein zu beantworten sind – festnageln: »Sie wollen also von einer Gehaltserhöhung im nächsten Jahr absehen?« Nun muss ich Farbe bekennen.
- Während Sie meine Worte zusammenfassen und als Frage an mich zurückgeben, gewinnen Sie in schwierigen Gesprächssituationen Zeit für eine überlegte Antwort.

**HÜRDE** »Ich haue dem Chef ein paar Argumente um die Ohren, die er nicht abwehren kann!«
**SPRUNG** Es kommt nicht nur auf die Argumente an, sondern auch auf Ihren Verhandlungsstil: Nur mit Freundlichkeit und Respekt werden Sie den Chef für Ihr Anliegen gewinnen.

## Was Ihre Körpersprache dem Chef verrät

Bevor Sie in der Gehaltsverhandlung das erste Wort über die Lippen bringen, sprechen Sie schon zu mir – durch Ihren Körper, Ihre Mimik und Gestik. Die Körpersprache macht nicht weniger als die Hälfte Ihrer Botschaften aus, oft den entscheidenden Teil.

Jedes einzelne Wort können Sie prüfen, bevor es über Ihre Lippen geht. Und rutscht doch mal ein falsches durch, hören auch Sie es – und sind auf meine Reaktion gefasst. Die Botschaften Ihres Körpers dagegen sind unverfälscht. Stellen Sie sich das so vor, als würden Ihnen alle Gedanken, auch die negativsten, eins zu eins über die Lippen gehen – noch dazu nur für mich, nicht aber für Sie hörbar!

Während Sie trotz innerer Wut mit Engelszungen versuchen, meine Sympathie zu gewinnen, sagt mir Ihre geballte Faust vielleicht, dass sie am liebsten in mein Gesicht möchte. Solche Körpersignale machen Sie angreifbar, wenn Ihre Worte und Ihr inneres Befinden nicht Hand in Hand gehen. Meist lügt die Zunge, und der Körper spricht die Wahrheit.

Schon beim Betreten meines Büros lese ich Ihre Körperhaltung. Gebeugter Rücken, gesenkter Blick? Dann trauen Sie Ihrer eigenen Leistung nicht, fühlen sich als Sklave, der zum Herrn geht – da darf es Sie nicht wundern, wenn ich zur verbalen Peitsche greife. Auch für den Fall, dass Ihre Worte selbstbewusst klingen.

Im Gespräch interessiert mich vor allem, ob Sie aufrichtig sind. Ihre Hände sprechen Bände. Wenn Sie zum Beispiel mit nach unten gedrehten Handflächen gestikulieren, deutet das darauf hin: Sie sind unaufrichtig und verschlossen. Ein gutes Argument kann dadurch entwertet werden – Sie laden mich zum Nachbohren ein.

Dagegen zeigen mir Gesten mit offener Handfläche, dass Sie sich öffnen und nichts zu verbergen haben. Gute Chancen, dass ich Ihrer Argumentation traue!

Greifen Sie sich beim Sprechen mit den Händen ins Gesicht, ist das meist ein Zeichen für Unsicherheit. Wenn Sie im gleichen Atemzug von einer angeblich großen Leistung berichten, machen Sie mich misstrauisch.

Offenbar zweifeln Sie selbst an Ihren Worten – wie wollen Sie dann mich überzeugen?

Auch meine Sympathie hängt von Ihrer Mimik und Gestik ab. Ich fühle mich wohler in Ihrer Gesellschaft, wenn Sie aufrichtig lächeln (statt verkrampft auf die Lippen zu beißen), wenn Sie mit offenen Gesten sprechen (statt die Arme zu verschränken) und wenn Sie Ihren Oberkörper leicht zu mir neigen (statt ihn desinteressiert zurückzulehnen).

Bedeutet das nun, Sie sollen mit der einstudierten Gestik eines Schauspielers auftreten? Bloß nicht! Zumal ich Ihnen den Applaus versagen würde: Eine aufgesetzte Mimik und Gestik, die nicht zu Ihrem Typ passt, habe ich schnell durchschaut. Das macht mich sogar böse – offenbar haben Sie es nötig, mich zu manipulieren!

Es geht darum, dass Sie Ihr Bewusstsein für Körpersprache schärfen. Für die eigene, aber auch für meine: Hat mich ein Argument überzeugt? Oder zeigt Ihnen mein fragendes Kratzen am Kinn, mein Hochziehen der Oberlippe oder meine Handbewegung zum Ohr, dass ich Ihnen nicht glauben will? Wenn Sie diese Körpersignale richtig deuten, können Sie noch ein paar überzeugende Sätze nachschieben – bis ich durch offenere Gestik zeige: »Akzeptiert!«

Bei Ihrer eigenen Körpersprache sollten Sie schlechte Gewohnheiten und ihre Auswirkungen schon im Rollenspiel erkennen. Fragen Sie Ihren Partner ausdrücklich, wie Ihre Mimik und Gestik auf ihn wirken. Überlegen Sie, ob es nicht von Vorteil ist, die eine oder andere Gewohnheit durch eine bessere zu ersetzen.

Manche Mitarbeiter senken zum Beispiel blitzschnell den Kopf, wenn Sie über eine Frage von mir nachdenken. Ich sehe darin die verlegene Geste des ausgeschimpften Kindes. Das ruft den strengen Vater in mir auf den Plan, der nicht daran denkt, das Taschengeld zu erhöhen. Würden sie dagegen den Blickkontakt halten, wären sie – im wahrsten Sinne – auf einer Augenhöhe mit mir.

Durch ausdauernde Übungen vorm Spiegel können Sie Ihre Körpersprache und Ihr inneres Befinden zu einer Einheit schmieden. Dabei werden Sie merken, welche Macht die Körpersprache auf Ihre Gedanken hat: Wenn Sie aufrecht sitzen, die Handflächen beim Sprechen nach oben drehen und selbstbewusst lächeln, werden Sie auch mit großer Mühe kaum eines feigen Gedankens fähig sein – wie er sich Ihnen bei gebeugter Haltung wahrscheinlich von alleine aufdrängt.

Im Idealfall werden sich Ihre Körpersprache und Ihr mündlicher Ausdruck wechselseitig verstärken. Dann überzeugen Sie mich gleich in zwei Sprachen – und ich stimme Ihrer Gehaltsforderung vielleicht auch in zwei Sprachen zu: durch ein Kopfnicken und ein »Ja«.

Die folgende Tabelle gibt Ihnen einen Überblick, wie ich Ihre Körpersignale in der Gehaltsverhandlung deuten und darauf reagieren kann. Natürlich ist es Ihr gutes Recht, an der Treffsicherheit meiner Deutungen zu zweifeln. Aber bedenken Sie, dass mir diese Interpretationen auf zahllosen Seminaren beigebracht wurden. Und zwar von Kursleitern, die kein Interesse daran hatten, mich auf die Ungenauigkeit ihrer eigenen Wissenschaft hinzuweisen.

## Handsignale:

| | |
|---|---|
| Handrücken oben | **Deutung:** Sie haben etwas zu verbergen und schirmen sich vor mir ab.<br>**Reaktion:** Ihre Forderung gerät in den Verdacht, dass sie unberechtigt oder über- zogen ist. |
| Offene Hand- flächen zeigen | **D:** Sieht so aus, als wären Sie aufrichtig und würden mir trauen.<br>**R:** Ich fühle mich wohl und bleibe in der Gehaltsfrage offen. |
| Erhobener Zeige- finger | **D:** Sie wollen mir wohl zeigen, wo's langgeht.<br>**R:** Ich reiße die Gesprächsführung an mich, damit Sie nicht vergessen, wer hier die Hosen anhat. |
| Zusammen- geklammerte Hände | **D:** Sie sind unsicher, behalten etwas für sich, suchen Halt.<br>**R:** Ich bohre mit Fragen nach. |
| Geballte Fäuste | **D:** Am liebsten würden Sie mich schlagen. Wut und Kampfansage!<br>**R:** Auch wenn Sie Süßholz raspeln – ich glaube Ihnen kein Wort und schlage verbal zurück. |
| Offene Hände von sich wegschieben | **D:** Sie wollen, dass ich Ihnen mit meinen Argu- menten vom Leib bleibe.<br>**R:** Ich haue weiter in dieselbe Kerbe. Offenbar sind meine Argumente gegen mehr Gehalt besser als Ihre dafür. |
| Trommelnde Finger | **D:** Sie sind ungeduldig und nervös.<br>**R:** Ich treibe Sie mit Fragen noch mehr in die Enge. |

| Spitzdach aus beiden Händen | **D:** Sie wägen ab, sind bereit zur Einigung, je nach Zusammenhang auch arrogant.<br>**R:** Im ersten Fall steuere ich zielstrebig eine Einigung an. Im zweiten verpasse ich Ihnen einen Dämpfer. |
|---|---|
| Hand fährt zum Mund | **D:** Sie sind unsicher, wollen vielleicht verhindern, dass Ihnen ein unbedachtes Wort herausrutscht.<br>**R:** Durch offene Fragen und langes Schweigen versuche ich, Ihnen das Ungesagte zu entlocken. |

## Augensignale:

| Kein oder nur ganz kurzer Blickkontakt | **D:** Sie haben die Hosen voll, sind unsicher, vielleicht am Schwindeln.<br>**R:** Offenbar kann ich Ihre Forderung ablehnen, ohne dass Sie Konsequenzen ziehen – also bin ich väterlich-streng. |
|---|---|
| Regelmäßiger Blickkontakt von zwei bis fünf Sekunden | **D:** Sie nehmen mich ernst, geben mir Ansehen, wirken selbstbewusst und offen.<br>**R:** Ich zahle mit derselben Münze zurück. |
| Ununterbrochenes Anstarren | **D:** Sie wollen Ihre Kräfte mit mir messen, wirken provozierend und taktlos.<br>**R:** Ich lasse Ihnen vielleicht den letzten Blick – aber in der Gehaltsfrage behalte ich das letzte Wort: »Nein!« |
| Heben der Augenbraue | **D:** Sie sind überrascht, falls ich es auslöse; überheblich, falls es Ihren eigenen Worten folgt.<br>**R:** Im ersten Fall nutze ich Ihre Überraschung zu meinem Vorteil, beispielsweise durch weitere Fragen zu einem wunden Punkt. Im zweiten Fall werde ich ärgerlich und blocke ab. |

## Mundsignale:

| Lippen zusammengepresst | **D:** Sieht aus, als wollten Sie etwas Wichtiges für sich behalten!<br>**R:** Ich bohre mit penetranten Fragen nach, treibe Sie mit Schweigen zum Sprechen. |
|---|---|
| Herabziehen der Mundwinkel | **D:** Sie lehnen mich und meine Äußerungen ab.<br>**R:** Ich ärgere mich über Sie und ziele weiter in dieselbe Richtung. |
| Oberlippen hochziehen | **D:** Der Verlauf des Gesprächs bereitet Ihnen Unbehagen.<br>**R:** Meine Stimmung sinkt ebenfalls – und mit ihr meine Bereitschaft zur Gehaltserhöhung. |
| Mund öffnen, ohne zu sprechen | **D:** Sie wollen reden, tun es aber nicht, sind also unsicher und unentschlossen.<br>**R:** Ich hake nach, wenn ich glaube, Ihre Worte stärken meine Position – aber lasse Sie nicht zu Wort kommen, falls sie vermutlich zu Ihrem Vorteil sind. |

## Haltungssignale:

| Verschränkte Arme, aneinandergepresste Beine | **D:** Sie blocken ab, sind nicht offen, halten sich für verletzbar.<br>**R:** Ich fühle mich unwohl, von Ihnen nicht ernst genommen und angeklagt. Schnell werde ich zum Angreifer. |
|---|---|
| Oberkörper leicht nach vorn gebeugt, Füße zeigen in meine Richtung | **D:** Sie interessieren sich, sind offen und bereit zur Einigung in der Gehaltsfrage.<br>**R:** Ich zahle mit derselben Münze zurück und bemühe mich um Fairness. |

| Oberkörper neigt sich nach hinten | **D:** Sie wollen mich nicht an sich heranlassen, sind desinteressiert und auf Distanz.<br>**R:** Ich ärgere mich, will sie zurück ins Verhandlungsboot holen und werde wütend, wenn es nicht gelingt. |
|---|---|
| Nervöses Hin- und Herrutschen auf dem Stuhl | **D:** Sie sind nervös, fluchtbereit, würden sich dem Gehaltsgespräch am liebsten entziehen.<br>**R:** Ich mache Ihnen vorschnell ein schlechtes Angebot und ahne, dass Sie lieber annehmen, als diese Situation länger zu ertragen. |
| Aufrechte, aber nicht steife Sitzhaltung, Füße fest am Boden | **D:** Sie sind sich Ihrer Sache sicher, aber dennoch nicht überheblich, sondern mit beiden Füßen auf der Erde.<br>**R:** Ich spreche mit Ihnen auf einer Augenhöhe – gute Einigungschancen. |
| Starres Sitzen auf der äußersten Stuhlkante | **D:** Sie sind innerlich verkrampft und unsicher,<br>**R:** Je nach Laune versuche ich, Sie aufzulockern – oder werde ebenfalls starr und förmlich. |

**HÜRDE** »Ich konzentriere mich auf meine Argumente; Körpersprache ist nicht so wichtig.«

**SPRUNG** Achten Sie darauf, dass Wort- und Körpersprache eine Einheit bilden. Nur dann werden Sie den Chef überzeugen.

## So öffnen Sie die Ohren des Chefs

Natürlich habe ich als Chef individuelle Vorlieben. Darauf geschickt einzugehen ist für Sie im Gehaltsgespräch die halbe Miete. Schon im Vorfeld haben Sie über zwei Fragen nachgedacht:

1. Welchen Gesprächsstil bevorzuge ich?
2. Gibt es geschäftliche Themen, auf die ich besonders anspringe?

Ihr Gesprächsstil sollte individuell auf mich abgestimmt sein. Womit Sie den einen Chef erfreuen, können Sie den nächsten erzürnen. Und umgekehrt.

Bin ich ein Vorgesetzter, der oft an Mitarbeiter appelliert, sie mögen doch endlich auf den Punkt kommen? Der es liebt, wenn man ihn mit »erstens, zweitens, drittens« informiert? Dann sollten Sie den Smalltalk zu Anfang der Verhandlung auf ein paar freundliche Worte verkürzen. Leiten Sie Ihre Argumente nicht allzu lange ein, kommen Sie zur Sache – sonst verhärtet sich meine Ungeduld zur Wut auf Sie!

Im umgekehrten Fall, wenn Sie beobachtet haben, dass mich klare, sachliche Worte wie Fausthiebe treffen, werden Sie Ihre Botschaft ein wenig verpacken: lange Aufwärmphase, lange Einleitung, umschreibende Wörter. Sonst fühle ich mich angegriffen und schlage am Ende unfein zurück.

Sprechen Sie immer so, wie Sie denken, dass es mir angenehm ist – zwar hart in der Sache, aber anpassungsfähig in der Form. Je wohler ich mich im Gespräch fühle, desto besser stehen Ihre Chancen auf mehr Gehalt.

Sind Sie unsicher, welche Sprechweise bei mir ratsam ist? Dann achten Sie darauf, wie ich mich selbst ausdrücke:

- Knapp, sachlich, pragmatisch?
- Ausführlich, anschaulich, gefühlsbetont?

Gibt es Schlüsselwörter oder Vergleiche, die ich immer wieder verwende? Spreche ich am laufenden Band von »Produktivitätssteigerung«, »Internationalisierung des Geschäfts« oder »Kundenbindungsmitteln«? Will ich die Firma »wie eine Rakete durchstarten« lassen? Ich rate Ihnen, solche Wörter und Wendungen im Gespräch zu verwenden. Jedes einzelne bringt Ihnen meine Sympathie. Bei mir entsteht unbewusst der Eindruck: Der Mitarbeiter und ich, wir funken auf einer Wellenlänge!

Dieses Gefühl sollten Sie mir auch durch Ihre thematischen Schwerpunkte im Gehaltsgespräch vermitteln. Natürlich habe ich ein Lieblingsprojekt, in das all mein Herzblut fließt. Womöglich ist es eine Schnapsidee, aber das darf Sie nicht interessieren. Mein Wille ist mein Himmelreich. Überlegen Sie, wie Sie mich in diesem Projekt unterstützen können. Jede Hilfe von Ihnen wird mir Gold wert sein, erst recht, wenn ich mit dem Projekt intern auf verlorenem Posten stehe.

Im Gespräch über meine Lieblingsprojekte blühe ich auf. Und schnell wird sich ein Teil meiner Begeisterung für die Sache in Begeisterung für Sie verwandeln – sofern Sie mich in dieser Angelegenheit nach vorne bringen.

**HÜRDE** »Ich spreche so, wie mir der Schnabel gewachsen ist – der Chef versteht mich schon!«

**SPRUNG** Stimmen Sie Ihren Gesprächsstil und Ihre Themen unbedingt auf den Chef ab. Was ihm gefällt, darauf kommt es an!

## Treten Sie nicht als Bittsteller auf

Aus Schüchternheit und in der Hoffnung, so meine Gunst zu gewinnen, machen sich viele Mitarbeiter in der Gehaltsverhandlung kleiner, als sie sind. Ihre Stimme klingt, als hätten sie Kreide gefressen. Statt Aussagen huschen ihnen Fragen über die Lippen, statt einer Gehaltsforderung nur ein Gehaltswunsch. Der ist oft auch noch bis zur Unkenntlichkeit verpackt in relativierende Wörtchen wie »bitte«, »vielleicht« und »eigentlich«, in Konjunktive wie »könnte«, »würde« oder »hätte gern«.

Wenn Sie so vorgehen, sind Sie zwar höflich – aber nicht so, wie Sie es sein sollten, also freundlich und bestimmt (siehe »Der Ton macht die Erfolgsmusik«, Seite 128). Vielmehr wirken Sie auf mich unsicher, unbestimmt, untertänig.

Wenn Sie »eigentlich« mehr Geld wollen, sagen Sie mit anderen Worten: »Wäre schön, muss aber nicht sein.« Der Satz »Bitte geben Sie mir eine Gehaltserhöhung« klingt für mich nach Almosen. Und diese milde Gabe, fürchte ich, wird von Ihnen durch ein »Danke« erwidert, nicht durch eine Gegenleistung.

Vergessen Sie bei Ihrem Auftreten nie: Ich bin ein Geschäftsmann, den Sie überzeugen müssen. Geld gebe ich nur aus, wenn es sein muss. Vermeiden Sie also jedes Verhalten, das Sie vom gleichberechtigten Geschäftspartner zum kleinen Bittsteller degradiert. Bitten haben es an sich, dass ich sie ohne weitere Konsequenz für mich ablehnen kann.

Sie sind der Verkäufer, ich bin der Käufer. Zur Verdeutlichung können Sie diese Situation auf ein anderes Kaufgeschäft übertragen: Angenommen, Ihnen wird ein wertvolles Schmuckstück angeboten. Der Verkäufer sagt in der Verhandlung: »Ich bitte Sie, zahlen Sie den verlangten Preis. Der Schmuck ist es eigentlich wert!«

Was löst diese Aussage bei Ihnen aus? Wie wirken die Wörtchen »bitte« und »eigentlich«? Wahrscheinlich so:

1. Der Verkäufer verrät ohne Not seine Abhängigkeit von Ihnen, er schwächt also seine Position. Wer so bedürftig ist, lässt sich auch mit weniger abspeisen.
2. Der Verkäufer löst bei Ihnen die Frage aus: Wenn der Schmuck so wertvoll ist, warum zögert er dann mit dem Preis? Am Ende ist's Falschgold!
3. Sie werden den geforderten Preis keinesfalls zahlen, vielleicht sogar Ihr Interesse daran verlieren. Ihre anfängliche Begeisterung versinkt in Zweifeln.

Nun verstehen Sie, warum ich als Käufer in der Gehaltsverhandlung ein solch zauderndes Angebot von Ihnen, dem Verkäufer, nicht annehmen werde.

Meine Ohren erreichen Sie nur mit Forderungen, von denen Sie nach Ihrer Wortwahl und Betonung selbst überzeugt sind.

Dazu ein paar Tipps:
- Sprechen Sie laut, deutlich und nicht zu schnell. Lassen Sie Spannung durch kurze Pausen entstehen. Bei Aussagen die

Stimme am Satzende senken, das verleiht Überzeugungskraft und verhindert, dass Ihre Feststellung bei mir als Frage ankommt (wie bei Hebung der Stimme).

- Verzichten Sie auf schwammige Relativierungen wie »eigentlich«, »im Grunde genommen«, »irgendwie«, »an und für sich« usw. Damit entwerten Sie Ihr eigenes Anliegen.

- Wenn Sie wichtige Aussagen einleiten, dann vor allem mit »Ich bin überzeugt/sicher/bestärkt darin« – weniger mit »Ich glaube/denke/meine«. Die weichen Formulierungen laden mich zum Zweifeln und zum Nachfragen ein.

- Meiden Sie Konjunktive wie »Ich würde sagen, ich habe eine Gehaltserhöhung verdient.« Würden Sie – oder sagen Sie es tatsächlich?

- Nennen Sie Ross und Reiter beim Namen. Nicht zögernd und schwammig: »Man hat viel geleistet«, sondern entschlossen und konkret: »Ich habe …« Nicht: »Man sollte das honorieren«, sondern: »Sie sollten …«

- Ziehen Sie positive Aussagen den negativen vor. »Meine Forderung passt in die Gehaltsstruktur, weil …« ist besser als: »Ich werde die Gehaltsstruktur nicht sprengen, denn …« Mit Negativaussagen lösen Sie bei mir Negativgedanken aus – und dokumentieren Ihre eigenen Zweifel.

**HÜRDE** »Im Gehaltsgespräch werde ich sehr zurückhaltend sein und oft ›bitte‹ sagen – Höflichkeit verbessert meine Chancen!«
**SPRUNG** Der Chef muss spüren, dass Ihr Anliegen berechtigt ist. Bitten Sie nicht, sondern fordern Sie – höflich und bestimmt.

# Die Trickfragen des Chefs – und kluge Antworten

Die meisten Mitarbeiter begehen in der Gehaltsverhandlung den Fehler, dass Sie mir die Zügel des Gesprächs überlassen – und das sind zweifellos die Fragen! Durch sie bestimme ich, in welche Richtung die Verhandlung läuft. Bei Punkten, die für mich vorteilhaft sind, verlangsame ich das Tempo. Und bei allem, was gegen mich spricht, gebe ich die Sporen.

Ich kann Sie mit Fragen zur Klarheit zwingen, wo Sie diplomatisch bleiben wollten. Ich kann Sie mit Fragen zum Reden verführen, wo Sie besser schweigen würden. Ich kann Sie mit Fragen auf ungünstige Seitenpfade locken, wo Sie gerade auf dem Weg zum Erfolg waren usw.

Nur wenn Sie die jeweils passende Antwort auf meine Fragetechniken wissen, können Sie die Gehaltsverhandlung zu Ihrem Vorteil gestalten. Mit welchen Arten von Fragen müssen Sie also rechnen? Wie setze ich Sie ein? Welche Gefahren und Chancen ergeben sich daraus für Sie?

Hier meine sechs liebsten Fragearten:

### 1. Geschlossene Frage

FRAGEBEISPIEL »Würden Sie unsere Firma denn verlassen, wenn ich Ihre Gehaltsforderung ablehne?«

*Eigenart:* Sie können nur mit »ja« oder »nein« antworten, sofern Sie konkret auf meine geschlossene Frage eingehen.

GEFAHR FÜR SIE Sie müssen sich festlegen und richten damit vielleicht taktischen oder diplomatischen Schaden an. Kann sein, ich nagele Sie an einem Punkt fest, wo Sie gar nicht hängen bleiben wollten.

*Chance für Sie:* Sie können durch Ihre Antwort für Klarheit sorgen. Vielleicht sind Sie bislang aus falscher Höflichkeit nicht deutlich genug geworden.

**IHR BESTES GEGENMITTEL** Wenn Sie sich nicht festlegen wollen, etwa aus diplomatischen Gründen, formulieren Sie durch aktives Zuhören den Kern der Frage positiv um.

*Antwortbeispiel:* »Es geht Ihnen darum, wie wichtig mir eine Gehaltserhöhung ist?« (Pause, Kopfnicken von mir.) »Dann kann ich Ihnen sagen: sehr wichtig, damit ich eine konkrete Perspektive habe und meine hohe Motivation weiter ausbauen kann.«

### 2. Offene Frage

**FRAGEBEISPIEL** »Welche Schwächen sehen Sie bei sich und Ihrer Arbeit?«

*Eigenart:* Offene Fragen erkennen Sie daran, dass Sie eine ausführlichere Antwort verlangen, also nicht nur »ja« oder »nein«. Meist verwende ich ein Fragewort mit W am Satzanfang, zum Beispiel »wie«, »warum«, »weshalb« usw.

**GEFAHR FÜR SIE** Offene Fragen laden zum Plaudern ein. Sie könnten mehr verraten, als Ihnen lieb ist. Zumal dann, wenn ich Sie durch aktives Schweigen zum Weiterreden animiere.

*Chance für Sie:* Sie bestimmen selbst, worauf Sie den Schwerpunkt Ihrer Antwort legen, welche Punkte Sie hervorheben und welche Sie ausklammern.

**IHR BESTES GEGENMITTEL** Sagen Sie nur das, was zu Ihrem Vorteil oder – bei negativen Fragen – am wenigsten zu Ihrem Nachteil ist. Dann setzen Sie einen Punkt! Wenden Sie offene Fragen, die auf Negatives wie Schwächen und Fehler zielen, durch Ihre Antwort zum Positiven.

*Antwortbeispiel:* »Eine Schwäche von mir mag sein, dass ich den vollen Einsatz, mit dem ich an Projekte gehe, auch von anderen erwarte. Ich glaube, da verlange ich manchmal ein bisschen viel.«

## 3. Alternativfrage

**FRAGEBEISPIEL** »Worum geht es Ihnen: um mehr Gehalt oder um eine schöne Arbeit, die Sie erfüllt?«

*Eigenart:* Ich biete Ihnen durch die Alternativfrage mehrere Antworten an, und Sie sollen sich für eine entscheiden.

**GEFAHR FÜR SIE** Ich kann Sie (wie im Beispiel) vor scheinbare Alternativen stellen, die einander nicht ausschließen. Wenn ich eine Alternative, meist die zweite, besonders anpreise, dann mit gutem Grund: Ich möchte, dass Sie diesen Köder schlucken und sich selbst widersprechen.

*Chance für Sie:* Ist meine Frage fair, bietet Sie also tatsächliche Alternativen an, können Sie durch Ihre Antwort Klarheit schaffen, Prioritäten setzen.

**IHR BESTES GEGENMITTEL** Bei unfairen Alternativfragen antworten Sie nicht mit »entweder – oder«, sondern mit »sowohl – als auch« oder »weder – noch«.

*Antwortbeispiel:* »Damit mich eine Aufgabe innerlich erfüllt, muss beides stimmen: sowohl der Inhalt der Arbeit als auch das Gehalt dafür.«

## 4. Suggestivfrage

FRAGEBEISPIEL »Sind Sie nicht auch der Meinung, dass Sie für Ihre Tätigkeit schon heute ein recht gutes Gehalt bekommen?«

*Eigenart:* Die Suggestivfrage ist unfair: Ich will Ihnen eine Antwort in den Mund legen, die meist zu Ihrem Nachteil ist.

GEFAHR FÜR SIE In der Aufregung, zumal wenn mein Ton Sie einschüchtert, könnten Sie unbedacht zustimmen. Damit spielen Sie mir einen Ball zu, den ich später dankbar aufnehme: »Sie haben selbst gesagt, dass ...«

*Chance für Sie:* Ich gebe zu erkennen, in welche Richtung ich Sie gern drücken würde. Dieses Gelände ist vermint – setzen Sie keinen Fuß darauf!

IHR BESTES GEGENMITTEL Deuten Sie offen, aber freundlich die mangelnde Fairness der Frage an und vermitteln Sie dann Ihre Botschaft.

*Antwortbeispiel:* »Ihre Frage gibt die Antwort schon vor. Aber der Punkt ist wichtig, darum noch einmal ganz klar: Ich erwarte ein Gehalt, das meiner Leistung entspricht – also mehr als im Moment.«

## 5. Ablenkfrage

**FRAGEBEISPIEL** Sie fragten mich, wie Ihre Entwicklungschance in der Firma sei. Ich erwidere, statt zu antworten: »Wie sehen Sie denn, etwas globaler betrachtet, die Entwicklungschance in unserer Branche?«

*Eigenart:* Ich gehe mit Ablenkfragen nicht auf Ihren Beitrag ein. Stattdessen spiele ich möglichst unauffällig einen anderen Ball zu Ihnen zurück, der Sie weg von Ihrem Gedanken bringt.

**GEFAHR FÜR SIE** Ich weiche Ihnen aus. Sie bekommen nicht die Informationen und die Antworten, die Sie brauchen. Im schlimmsten Fall verläuft Ihr Anliegen ohne konkretes Ja oder Nein im rhetorischen Sand.

*Chance für Sie:* Meine Ablenkfrage signalisiert Ihnen, dass Sie mit Ihren letzten Worten auf dem richtigen Weg waren. Haken Sie nach!

**IHR BESTES GEGENMITTEL** Bestehen Sie darauf, dass ich zu Ihrem Beitrag Stellung nehme, bevor das nächste Thema auf den Tisch kommt.

*Antwortbeispiel:* »Gerne unterhalte ich mich mit Ihnen über die Entwicklung der Branche. Erst möchte ich aber meine Entwicklungschancen in der Firma klären. Noch einmal: Wie sehen Sie die?«

## 6. Spiegelfrage

**FRAGEBEISPIEL** Sie wollten von mir wissen: »Wie hoch ist der Etat für die neue, firmeninterne Aufgabe, die Sie mir anbieten?« Ich erwidere, statt zu antworten: »Welchen Etat erwarten Sie denn?«

*Eigenart:* Ich gebe die Frage ohne Antwort an Sie zurück.

**GEFAHR FÜR SIE** Wenn Sie auf Spiegelfragen eingehen, kann ich mehr und mehr in Ihre Karten blicken, Sie aber nicht in meine.

*Chance für Sie:* Wieder ist klar, dass Sie einen Punkt berührt haben, über den ich aus gutem Grund nicht gern spreche. Bleiben Sie am Ball!

**IHR BESTES GEGENMITTEL** Fragen Sie direkt nach, ob mir die Frage unangenehm ist – wahrscheinlich werde ich eher meine Karten auf den Tisch legen, als dass ich diesen Schwachpunkt bekenne.

*Antwortbeispiel:* »Ich hoffe, meine Frage bringt Sie nicht in Verlegenheit. Noch einmal: Wie hoch ist der Etat?«

**HÜRDE** »Die Fragen des Chefs fürchte ich nicht – nur seine Aussagen!«

**SPRUNG** Jede Frage beinhaltet rhetorischen Sprengstoff, den Sie bei der Antwort umgehen müssen. Wer die Fragetypen kennt, vermeidet Tritte ins Minenfeld.

## Sie sollten es wagen, selbst zu fragen!

Wir sitzen bei der Verhandlung in derselben Kutsche. Es ist Ihr gutes Recht, zur passenden Zeit ebenfalls die Zügel des Gesprächs zu ergreifen – und durch eigene Fragen zu bestimmen, in welche Richtung die Verhandlung läuft!

Mit offenen und alternativen Fragen (siehe letztes Kapitel) können Sie meinen Standpunkt und meine Prioritäten erkunden. Finden Sie zweierlei heraus:

1. Was verspreche ich mir von Ihrer Leistung (und was müssen Sie mir folglich in Aussicht stellen)?
2. Was hindert mich im Moment vielleicht noch an meinem »Ja« zu Ihrer Forderung (und was müssen Sie mir folglich ausreden)?

Je genauer Sie durch Ihre Fragen erfahren, wo ich stehe, desto besser können Sie mich dort mit Ihren Argumenten abholen.

Jede Ihrer Fragen kann zudem ein Wegweiser sein, der mein Denken geschickt in eine bestimmte Richtung lenkt. Fragen Sie zum Beispiel: »Was spricht aus Ihrer Sicht für eine Gehaltserhöhung?« – »Wo sehen Sie meine Stärken?« – »Mit welcher meiner Leistungen waren Sie im letzten Jahr besonders zufrieden?«

Natürlich kann ich gar nicht anders, als Sie in diesen Momenten von Ihrer besten Seite zu sehen. Falls ich Ihre Arbeit schätze, bekommen Sie Ihre wahren Trumpf-Argumente frei Haus geliefert. Spielen Sie diese Karten im weiteren Verlauf der Verhandlung aus!

Die geschlossene Frage hilft Ihnen, mich zu zwingen, auf den Punkt zu kommen. So könnte ich Ihrer Gehaltsforderung mit einem allgemeinen Lob auf Sie begegnen, aber weder »ja« noch »nein« sagen. Haken Sie dann nach: »Sie stimmen meinem Gehaltswunsch also zu?« Dann muss ich Farbe bekennen.

Beim aktiven Zuhören fassen Sie meine Worte zu einer geschlossenen Bestätigungsfrage zusammen: »Verstehe ich Sie richtig: Sie sagen, dass …?« (Siehe »Der Ton macht die Erfolgsmusik«, Seite 128). Wenn Sie ins Schwarze treffen, ernten Sie ein »Ja«. Wenn nicht, lasse ich meinem »Nein« eine Erklärung folgen, und die macht Sie klüger.

Durch diese Fragen schaffen Sie ein gutes Gesprächsklima und prüfen, ob Ihre Ohren tatsächlich das empfangen haben, was mein Mund senden wollte. Erst wenn Sie ein Argument richtig verstanden haben, können Sie es entkräften.

Natürlich würden Sie mich gern mit meinen eigenen Waffen schlagen. Warum nicht mit Suggestiv-, Spiegel- und Ablenkfragen kontern? In der Not frisst der Teufel Fliegen, aber vergessen Sie nicht: Als Chef kenne ich diese Techniken und weiß um ihren unfairen Charakter. Was ich mir selbst großzügig gestatte, könnte ich Ihnen sehr übel nehmen!

**HÜRDE** »Der Chef leitet das Gespräch. Es gehört sich, dass ich ihm das Fragen überlasse.«

**SPRUNG** In der Gehaltsverhandlung sitzen sich zwei gleichberechtigte Partner gegenüber. Durch geschickte Fragen lenken Sie den Chef in Richtung Erhöhung.

## Drei Ziele stecken, eine Summe fordern

Sie müssen konkret wissen, was Sie wollen – nur dann können Sie es von mir bekommen! Aber viele Mitarbeiter hauchen mir auf die Frage nach Ihrer Gehaltsvorstellung nur entgegen, sie wollten »mehr verdienen« als im Moment.

Haben Sie schon einmal überlegt, dass ein Kandidat damit wenig über sein Gehalt, aber viel über sich selbst sagt? Bei mir als Chef entsteht der Eindruck:

- Er ist unsicher – darum schiebt er die Entscheidung mir zu.
- Er hat sich schlecht vorbereitet – sonst wüsste er, was er wert ist.
- Zudem ist er nicht besonders clever, denn natürlich werde ich sein »mehr« zu meinen Gunsten auslegen – auch ein Euro ist »mehr«, oder?

Vergessen Sie nicht, dass ich unter anderem dafür bezahlt werde, die Personalkosten so gering wie möglich zu halten. Vielleicht winkt mir am Jahresende eine Prämie, wenn eine bestimmte Summe nicht überschritten wird.

Wer nicht weiß, wie viel Geld er zusätzlich von mir will, bekommt im Zweifel gar nichts. Vermutlich ist die Forderung nur ein Versuchsballon, und ich kann ohne Konsequenzen die Luft rauslassen.

Umgekehrt gilt: Je konkreter Sie Ihre Forderung beziffern, desto mehr spüre ich den Ernst und die Notwendigkeit dahinter – und bin eher zum Erhöhen bereit. Zumal Ihr Auftreten verspricht, dass Sie im Alltag entschlossen für die Interessen der Firma eintreten.

Am besten fixieren Sie drei Ziele: ein Minimal-, ein Maximal-

und ein Alternativziel. Das könnte bedeuten: mindestens 150 Euro plus im Monat, maximal 300 Euro oder alternativ 2000 Euro Jahresprämie.

Natürlich setzen Sie Ihre Forderung beim Maximalziel an, in diesem Fall 300 Euro. So bleibt mir Spielraum fürs Feilschen, aber Sie kriegen am Ende doch, was Sie wollen (siehe nächstes Kapitel).

Sprechen Sie in der Verhandlung niemals von einer Gehaltsspanne, also: »Ich möchte zwischen 150 und 300 Euro mehr.« Dann höre ich die 300 gar nicht – ich weiß ja, 150 würden Ihnen genügen. Und wenn Sie so schwankend mit Ihrer Forderung sind – warum sollten Sie sich nicht mit 75 Euro, besser noch mit einer fadenscheinigen Ausrede wie »schlechte Geschäftslage« vertrösten lassen?

Falls die Gehaltsverhandlung in eine Sackgasse führt, bieten Sie mir Ihr Alternativziel als Ausweg an. Da ich nichts von Ihrer Strategie ahne, werde ich staunen, wie entgegenkommend und flexibel Sie doch sind – und mich verpflichtet fühlen, ebenfalls auf Sie zuzugehen.

Bei schwierigen Verhandlungen rate ich Ihnen sogar, mit zwei oder drei Alternativzielen ins Gespräch zu gehen. Wenn ich die Möglichkeit habe, einige Vorschläge abzulehnen, ist das sehr zu Ihrem Vorteil. Mit jeder Ablehnung wächst der Druck auf mich, den nächsten Vorschlag anzunehmen. Keinesfalls soll bei Ihnen der Eindruck entstehen, dass mir gar nicht am Erfolg der Verhandlung gelegen ist!

Als Chef will ich vor allem das Gefühl haben, ich bin der Mächtige, entscheide frei. Wenn ich von Ihren drei Vorschlägen zwei verwerfe, habe ich Ihnen meine Macht demonstriert – und sehe höchstwahrscheinlich großzügig darüber hinweg, dass der dritte Vorschlag, den ich dann annehme, für Sie genauso vorteilhaft ist wie die ersten beiden.

**HÜRDE** »Ich weiß nicht, wie hoch das Gehaltsplus ausfallen soll. Mal sehen, was der Chef mir bietet.«
**SPRUNG** Legen Sie immer ein konkretes Minimalziel, Maximalziel und Alternativziel fest. Nur wenn Sie wissen, was Sie wollen, werden Sie es bekommen.

## Bleiben Sie (fürs Erste) Ihrer Forderung treu

Natürlich werde ich im Lauf der Verhandlung prüfen, wie ernst es Ihnen mit Ihrer (ersten) Forderung ist. Wenn Sie schon beim leisesten Gegenmanöver, etwa dem Verweis auf die Gehaltsstruktur, in vorauseilendem Gehorsam den Rückzug von Ihrer Ziffer antreten, dann halte ich Sie für einen Bluffer.

Nehmen Sie einmal wörtlich, was es heißt, sich teuer zu verkaufen! Sie fordern in einer Verhandlung nicht nur Geld, Sie haben auch die Gelegenheit, Standhaftigkeit und Charakter zu zeigen – oder eben nicht.

Darum ist es wichtig, dass Sie (zunächst) zu Ihrer Maximalforderung stehen. Sie haben im Vorfeld ja geklärt, dass diese Summe nicht unrealistisch ist. Von meinem Kopfschütteln werden Sie sich nicht verunsichern lassen. Meine Verweise auf Kollegen, die angeblich weniger verdienen, bringen Sie nicht aus dem Konzept. Und wenn ich Ihnen schnell einen kleinen Gehaltsbrocken vor die Füße werfe – lassen Sie ihn liegen! So wie Sie

Ihre Forderung möglichst hoch angesetzt haben, setze ich mein erstes Angebot möglichst tief. Die Wahrheit liegt in der Mitte.

Bleiben Sie hart in der Sache, also beim Gehalt, aber freundlich im Umgang. Ein Streit mit Ihnen bereitet mir Verdruss, aber ein kleiner rhetorischer Wettkampf reizt mich. Wenn Sie sich dabei als geschickt erweisen, ist das ein Grund mehr, Sie als Mitarbeiter zu fördern. Mein Erfolg als Vorgesetzter hängt schließlich auch vom Kommunikationsgeschick meiner Mitarbeiter ab!

Natürlich bilde ich mir ein, dass ich Ihnen rhetorisch überlegen bin. Und so wird es mir ein großes Vergnügen bereiten, Ihre Forderung von 300 Euro auf 200 Euro herunterzuhandeln. Schließlich geben Sie nach. Ich fühle mich als der große Sieger und prahle abends vor meiner Frau. Woher soll ich auch wissen, dass Sie 50 Euro mehr erreicht haben, als Sie mindestens wollten?

**HÜRDE** »Anscheinend ist dem Chef meine Forderung viel zu hoch. Ich gehe schnell mit der Summe runter, damit kein Porzellan zerbricht.«

**SPRUNG** Lassen Sie sich nicht einschüchtern! Begründen Sie Ihre Maximalforderung und halten Sie in der ersten Verhandlungsphase an ihr fest.

## Warum sich der Chef nicht erpressen lässt

Natürlich können Sie mir die Pistole auf die Brust setzen und sagen: »Entweder ich bekomme mehr Geld – oder ich bin weg!« Dann kann ich entscheiden, was ich lieber verliere: einen guten Mitarbeiter – oder mein Gesicht!

Malen Sie sich aus, was in mir vorgeht: Ich fühle mich von Ihnen erpresst. Man könnte gerade meinen, Sie hätten mich in der Hand. Wenn ich tatsächlich auf Sie angewiesen bin – umso schlimmer! Den Teufel werde ich tun, das zuzugeben. Wer sind Sie denn?!

Außerdem: Würden Sie mich so behandeln, wenn Sie mich für klug und weitsichtig hielten? Nein, nur Dummköpfe stellt man vor Ultimaten. Aha, *so* denken Sie also von mir!

Meine Ehre ist stärker als mein Verstand, viel stärker! Ich werde Sie lieber ziehen lassen, als Ihnen jeden Monat eine Erpresserbeute zu überweisen. Und Sie müssen gehen – sonst werde ich Sie auf ewig für Ihre »leere Drohung« belächeln.

Und nun stellen Sie sich vor, Sie hätten mit einer feineren, dennoch aber scharfen Wortklinge gefochten. Nach Hinweis auf Ihre Leistungen hätten Sie sagen können: »Vor diesem Hintergrund können Sie bestimmt verstehen, dass ich den Wert meiner Arbeitskraft deutlich über meinem jetzigen Verdienst sehe. Andere denken in so einer Situation über einen Wechsel der Firma nach. Ich aber möchte viel lieber weiter zur Produktivität Ihrer Abteilung beitragen. Es macht mir Spaß, mit Ihnen als Chef zu arbeiten. Und ich habe Vertrauen in Ihre Urteilskraft, auch in dieser Gehaltsfrage. Darum …«

Damit haben Sie das Gleiche gesagt, nur geschickter. Die Drohung hängt zwischen den Zeilen (»andere würden …«), und wenn mir wirklich an Ihrer Arbeitskraft liegt, werde ich mich beeilen, Ihnen ein ordentliches Angebot zu machen. Zumal Sie eine positive Erwartung in mich setzen (»Vertrauen in Ihre Urteilskraft«), die ich nur ungern enttäuschen möchte.

In diesem Fall bilde ich mir bei einer Gehaltserhöhung ein,

ich würde frei entscheiden, sei Ihr Gönner und Förderer. Ein besseres Gefühl, als wenn ich, der starke Chef, mich für einen erpressbaren Weichling halten muss.

**HÜRDE** »Der Chef soll merken, dass es mir ernst ist. Ich stelle ihn vor die Wahl: entweder mehr Geld – oder ich bin weg!«
**SPRUNG** Sagen Sie's zwischen den Zeilen. Der Chef darf sich nicht erpresst fühlen. Wenn er meint, frei zu entscheiden, steigt Ihre Chance auf mehr Gehalt.

## Persönliches Gehaltsthermometer: Können Sie mit goldener Zunge reden?

Sind Sie schon in der Lage, sich und Ihre Forderung optimal in der Gehaltsverhandlung zu verkaufen? Das Gehaltsthermometer gibt Ihnen Antwort:

**1. Welche Überleitung zum Gehaltsgespräch erscheint Ihnen (nach der Aufwärmphase) am sinnvollsten?**
a) »Wir sitzen heute zusammen, um über meine Gehaltserhöhung zu sprechen.«
b) »Ich möchte mit Ihnen darüber sprechen, wie ich die Firma auch künftig voranbringen kann – und welche Perspektive sich daraus für mich ergibt.«
c) »Also, kommen wir gleich zur Sache: Ich brauche mehr Geld!«

**2. Was meinen Sie zu folgender Aussage: »Wenn ich die besseren Argumente habe, kann ich den Chef in die Knie zwingen!«**

a) Stimmt zwar – aber wird der Chef seine Niederlage zugeben?

b) Der Ton macht die Musik. Der Chef ist nicht zu bezwingen, nur als Partner zu gewinnen.

c) Stimmt. Die besseren Argumente machen immer den Sieger!

**3. In der Verhandlung sprechen Sie auch mit den Händen. Ihre Handflächen zeigen immer nach unten, der Handrücken nach oben. Wie könnte der Chef das deuten?**

a) Die lebendige Körpersprache unterstreicht die Ernsthaftigkeit meiner Forderung.

b) Verborgene Handflächen können ein Hinweis auf mangelnde Ehrlichkeit sein – im Gegensatz zu offenen Händen.

c) Wer die Handflächen nach unten dreht, legt die Wahrheit im wahrsten Sinn auf den Tisch.

**4. Welche Formulierung erscheint Ihnen in der Gehalts-verhandlung am zweckmäßigsten?**

a) »Ich glaube, meine Leistung spricht für mehr Gehalt.«

b) »Ich bin sicher, meine Leistung spricht für mehr Gehalt.«

c) »Ich würde meinen, eigentlich spricht meine Leistung für mehr Gehalt!«

**5. In welchem Umfang werden Sie eine Gehaltserhöhung fordern?**

a) Ich habe eine konkrete Zahl im Kopf und werde alles tun, sie durchzusetzen.

b) Ich habe mindestens drei Ziele: eine Maximal-, eine Minimal- und eine Alternativforderung. So bin ich in der Verhandlung beweglicher.

c) Da bin ich ziemlich spontan. Ich warte mal ab, was der Chef bietet.

**6. Was antworten Sie auf die Cheffrage: »Worauf legen Sie größeren Wert: auf ein paar Euro mehr Gehalt oder auf einen sicheren Arbeitsplatz, an dem Sie sich so richtig wohl fühlen?«**

a) »Es geht mir heute nur ums Gehalt, darum sitzen wir zusammen.«

b) »Ich lege auf beides Wert: sowohl auf eine gerechte Bezahlung als auch auf einen sicheren Arbeitsplatz.«

c) »Natürlich ist mir der sichere Arbeitsplatz wichtiger als ein paar Euro mehr; sonst stehe ich am Ende ohne beides da!«

**Auswertung**

Welchen Buchstaben haben Sie am häufigsten angekreuzt?

a) **Lauwarm:** Ihre Ansätze sind nicht schlecht, aber Sie können Ihr Selbstvertrauen und Ihr diplomatisches Geschick noch verbessern.

b) **Heiß:** Sie haben verinnerlicht, worauf es bei der Verhandlung ankommt: Sie sind hart in der Sache und menschlich im Umgang. So setzen Sie Ihr Gehaltsziel durch!

c) **Eiskalt:** Zu kalt jedenfalls, um baden zu gehen. Und dieses Schicksal droht Ihnen in der Verhandlung, wenn Sie nicht taktischer vorgehen.

# Der Widerstand:

# Knacken Sie die Abwehr Ihres Chefs

## Der unfaire Schlag mit der Phrasenkeule

Wenn Sie zweifelsfrei belegen, dass Ihr Gehaltswunsch berechtigt ist, bleiben mir nur zwei Möglichkeiten: Entweder ich segne ihn ab. Oder ich greife zu einer rhetorischen Keule, deren unfairer Schlag Sie kurz vor dem Ziel ins Straucheln bringt, nämlich zur Killerphrase!

Falsche Sachargumente können Sie leicht widerlegen, eben weil sie sachlich sind. Wenn ich zum Beispiel behaupte, Sie hätten sich bei Sonderprojekten zurückgehalten, beweisen Sie mir durch Ihre Leistungsmappe das Gegenteil. Vor solchen Tatsachen kann ich die Augen nicht verschließen, zumal Sie Ihre tägliche Arbeit besser kennen als ich.

Killerphrasen dagegen sind pauschal und unsachlich, verlocken also zu einer Antwort auf demselben Niveau. Vielleicht sage ich: »Die Firma kann sich die Erhöhung nicht leisten!« Oder: »Mein eigener Chef steht im Weg!« Oder: »Dieses Beispiel würde Schule machen!«

Was dann? Mag sein, Ihnen bleibt einfach die Spucke weg. Die Verhandlung kann im letzten Moment zu Ihren Ungunsten kippen, obwohl Sie die besseren Karten hatten. Oder Sie werden wütend und geben mir in derselben Tonlage Kontra: »Das glauben Sie ja selbst nicht, was Sie da sagen!« Danke für Ihr Entgegenkommen! »Auf diesem Niveau brauchen wir nicht zu diskutieren«, breche ich mit gespielter Entrüstung das Gespräch ab. Gehaltserhöhung ade!

Dabei gleichen meine Killerphrasen schlechtem Falschgeld: Es fällt nur darauf herein, wer nicht damit rechnet. Wenn Sie aber wissen, was auf Sie zukommt, können Sie die Killerphrasen durch Ihr Verhalten und Ihre Antworten entschärfen. Es gelten folgende Gebote:

- Bleiben Sie freundlich und sachlich – so holen Sie mich auf dieselbe Ebene zurück.

- Geben Sie mir zu erkennen, dass Sie meine Einwände ernst nehmen, auch wenn sie Ihnen zunächst gelogen und lächerlich scheinen wollen. Denn wenn Sie Ihren Ehrgeiz darauf verwenden, mich einer Lüge zu überführen, machen Sie mir ein Nachgeben unmöglich: Sie würden das doch als »Geständnis« werten!

- Gehen Sie auf meine Killerphrasen ein, aber nicht zu ausführlich. Lenken Sie die Diskussion geschickt zurück auf Ihre Trumpf-Argumente (siehe Seite 101).

Auf welche Killerphrasen müssen Sie gefasst sein? Das hängt ganz davon ab, was für ein Typ Chef ich bin. In der Gehaltsverhandlung kann ich Ihnen in (mindestens) acht Gestalten begegnen: als Jammerer, Vertröster, Aggressiver, Listiger, Lober, Feiger, Kumpel oder Geiziger.

Jedem Typ habe ich seine häufigste(n) Phrase(n) zugeordnet. Zunächst zeige ich Ihnen, was jeweils der »Trick« ist, auf den Sie reinfallen sollen (aber nicht werden!). Dann verrate ich »Unter uns gesagt«, was Sie davon zu halten haben. Und schließlich gebe ich zwei passende Strategien für Ihren Konter preis, jede anschaulich gemacht durch eine beispielhafte Antwort und durch meine Chefkommentare in Klammern.

Die Antwortbeispiele sind natürlich keine Maßanzüge, in die Sie nur zu schlüpfen brauchen. Aber sie geben Ihnen Anregungen, aus denen Sie sich Ihre ganz individuelle Argumentation schneidern können. Verwenden Sie nur Wörter, Redewendungen und Metaphern, die wirklich zu Ihnen passen und hinter denen Sie stehen können. Als Buchhalter, dem sonst nur Zahlen und Fakten über die Lippen kommen, könnten Sie mich beispielsweise durch eine allzu bilderreiche Sprache verwirren. Das Zünglein an der Waage werden ohnehin Ihre Trumpf-Argumente sein.

Wenn Sie so gewappnet sind, beiße ich mit meinen Killerphrasen auf Granit, dann saust meine rhetorische Keule ins Leere. Und Sie haben gute Chancen, dass ich Ihre Gehaltsforderung doch noch abnicke.

**HÜRDE** »Wenn der Chef unfair angreift, schlage ich mit denselben Waffen zurück!«
**SPRUNG** Bleiben Sie sachlich und freundlich – nur auf dieser Ebene können Sie Ihr Wunschgehalt durchsetzen.

## Die Cheftypen, ihre Abwehrmanöver – und wie Sie erfolgreich kontern!

### Cheftyp 1: Der Jammerer

Mein Etat ist immer erschöpft, ganz egal, ob das Geschäft brummt oder nicht. Mein Klagelied in Moll handelt stets von der schlechten Wirtschaftslage, den hohen Lohnnebenkosten usw. Aus meinem Mund hören Sie zum Beispiel: »**Das kann sich die Firma nicht leisten!**«

**DER TRICK** Zum einen schiebe ich die Verantwortung weiter: An mir liegt es nicht – nur an der Firma. Aber wer ist die Firma? Mit einer juristischen Person können Sie kein Gehaltsgespräch führen! Zum anderen wird die Verhandlung zur Farce, weil scheinbar die Verhandlungsmasse, das Geld, fehlt. Ich lasse Sie gegen Windmühlen kämpfen.

*Unter uns gesagt:* Die Firma »kann« sehr wohl erhöhen, sogar wenn es ihr schlecht geht – anderenfalls wäre sie mittellos, sprich: pleite! Die Frage ist: Will sie erhöhen? Oder investieren die Entscheidungsträger das (vielleicht tatsächlich knappe) Geld lieber anders? Zum Beispiel in die Bezüge von uns Chefs, die bekanntlich auch in Krisenzeiten überproportional steigen.

**KONTERSTRATEGIE 1** Im Vorfeld der Gehaltsverhandlung haben Sie exakt die Geschäftslage der Firma erkundet: Was steht im Jahresbericht? Wie entwickeln sich Umsatz und Gewinn? Welche Aussichten bestehen für die Zukunft? Vielleicht ist das Tal nicht so tief, wie ich es darstelle – oder es ist schon fast durchschritten.

*Antwortbeispiel:* »Es stimmt, was Sie sagen: Die Firma macht harte Zeiten durch.« (Sie erkennen mein Argument an, das öffnet meine Ohren, im Gegensatz zu Widerspruch.) »Letztes Jahr war der Gewinn vor Steuer um vier Prozent gesunken, dieses Jahr sehen die Zahlen laut Jahresbericht etwas besser aus.« (Aha, Sie haben sich informiert, ich kann Ihnen nichts vormachen!) »Und für nächstes Jahr erwarten wir eine deutliche Steigerung. Vor diesem Hintergrund …« (Damit ist mein Einwand entkräftet, und ich muss mich sachlich mit Ihrer folgenden Forderung auseinandersetzen.)

**KONTERSTRATEGIE 2** Falls es der Firma tatsächlich schlecht geht: Legen Sie mir überzeugend dar, dass Sie durch Ihre Mitarbeit Schlimmeres verhindern. Das Trumpf-Argument »Die Firma spart Geld durch mich« zieht in Krisenzeiten besonders gut.

*Antwortbeispiel:* »Ja, Sie haben Recht, das Boot unserer Firma ist in Seenot.« (Treffendes Bild, kann ich mir vorstellen!) »Aber ist es nicht gerade jetzt wichtig, dass die fähigen Leute an Bord bleiben und das Boot in ruhige Gewässer steuern?« (Gut, dass Sie mir Ihre Aussage als Frage servieren, so nehme ich sie ohne Widerstand an. Und ich höre heraus: Offenbar sind Sie zu Konsequenzen bereit, falls ich ablehne!) »Bedenken Sie, dass ich durch meine Umsicht und meinen Einsatz der Firma Geld spare, zum Beispiel …« (Diese konkreten Beispiele machen es mir leichter, Ihre Gehaltserhöhung vor mir und eventuell vor meinem Vorgesetzten zu vertreten.)

**HÜRDE** »Der Firma fehlt das Geld zum Erhöhen!«

**SPRUNG** Geld ist immer da. Sie müssen nur klarmachen, dass Sie die Investition wert sind.

### Cheftyp 2: Der Vertröster

Ich gebe Ihnen alles, was Sie wollen. Nur nicht heute. Besser morgen. Oder übermorgen. Ich sitze Probleme jahrelang aus. Und Ihre Gehaltsforderung ist ein Problem für mich. Ich halte Ihnen zum Beispiel entgegen: »**Nicht jetzt – aber nächstes Jahr!**«

**DER TRICK** Ich lehne Ihr Anliegen nicht ab – das könnte Sie ja demotivieren – ich schiebe es nur auf. Sie werden sich doppelt und dreifach ins Zeug legen, damit es nächstes Jahr klappt. Und dann erklingt (vielleicht) dieselbe Schallplatte wieder: »Nicht jetzt – aber …«

*Unter uns gesagt:* Wer weiß schon, was in einem Jahr ist! Vielleicht bin ich gar nicht mehr Ihr Chef, vielleicht ist mir meine vage Zusage entfallen. Oder Sie begehen bis dahin einen Fehler, den ich gegen Sie ausspiele. Wenn Sie heute die Taube auf dem Dach kaufen, stehen Sie morgen mit leeren Händen da.

**KONTERSTRATEGIE 1** Weisen Sie ausdrücklich darauf hin, dass Ihre Leistung bereits in der Waagschale liegt – und jetzt fehlt als Gegengewicht meine Gehaltserhöhung. Stellen Sie diesen Schritt als überfällig dar und erinnern Sie mich gegebenenfalls, wie lange Ihr Gehalt schon unverändert ist.

*Antwortbeispiel:* »Gern können wir nächstes Jahr noch einmal über mein Gehalt sprechen – warum nicht eine Verbesserung in zwei Schritten?« (Sie greifen meinen Vorschlag auf, wenden ihn aber zu Ihren Gunsten.) »Heute – und zwar wirklich heute – geht es mir um den ersten Schritt.« (Klingt, als wäre kein Aufschieben drin.) »Die Firma hat im letzten Jahr sehr von meinen Leistungen profitiert, zum Beispiel …« (Ihre folgenden Trumpf-Argumente beeindrucken mich.) »Und als fairen Gegenwert für meine verbesserte Leistung erwarte ich jetzt ein verbessertes Gehalt.« (Sie wirken auf mich entschlossen. Der Begriff »Gegenwert« macht mir Ihre Vorleistung klar.) »Immerhin ist es drei Jahre her, dass sich zuletzt etwas getan hat.« (So lange schon, tatsächlich?!)

**KONTERSTRATEGIE 2** Falls Sie auf Granit beißen: Geben Sie sich nicht mit einer mündlichen Zusage zufrieden. Vereinbaren Sie schriftlich mit mir: Wann wird das Gehalt erhöht? Und um welchen Betrag? Falls wir die Erhöhung (oder alternativ eine Prämie) mit bestimmten Leistungen verknüpfen: Achten Sie darauf, dass die Ziele für Sie erreichbar sind und möglichst messbar formuliert werden.

*Antwortbeispiel:* »Ein Jahr ist noch lange hin – aber gut, unter der Bedingung, dass wir heute schon Nägel mit Köpfen machen, will ich Ihnen entgegenkommen.« (Sie zeigen sich kompromissbereit, das schätze ich!) »Welche Leistungen versprechen Sie sich im kommenden Jahr von mir?« (Ich bin eifrig, nenne die Details.) »Gut, was halten Sie davon, diese Ziele zu Ihrer Sicherheit schriftlich zu fixieren?« (Sie zäumen das Pferd von der für mich interessanten Seite auf. Ihren Vorschlag kleiden Sie in die Form der Frage, so fühle ich mich einbezogen und nicht überrumpelt. Ich stimme zu!) »Und im Gegenzug wäre es fair, ein Datum festzuhalten, wann beim Erreichen der Ziele mein Gehalt erhöht wird. Wie denken Sie darüber?« (Dieser Apfel will mir eher bitter schmecken, aber Sie gehen ja mit gutem Beispiel voran. Der verstecke Appell an die Fairness tut seine Wirkung.)

**HÜRDE** »Immerhin verspricht der Chef, nächstes Jahr zu erhöhen!«
**SPRUNG** Lassen Sie sich möglichst nicht vertrösten; falls es sein muss: nur mit schriftlicher Zusage für die Zukunft.

### Cheftyp 3: Der Aggressive

Für mich ist Angriff die beste Verteidigung. Ich bin laut und unsachlich, ein strenger Vater. Egal, was Sie verdienen, eines steht für mich fest: Sie verdienen heute schon zu viel. Zum Beispiel erwidere ich harsch: »**Mehr Geld – kommen Sie mir nicht damit!**«

**DER TRICK** Ich reagiere auf Ihre Forderung, als wären Sie auf eine Mine getreten. Mein scheinbarer Zorn soll Sie einschüchtern und Ihnen ein schlechtes Gewissen machen, weil Sie zu fordern wagen.

*Unter uns gesagt:* Mein Zorn kommt selten von innen heraus – er gleicht dem vorbeugenden Knurren des strengen Vaters, der seine Kinder davon abhalten will, gar zu übermütig zu werden.

**KONTERSTRATEGIE 1** Bleiben Sie ruhig und sachlich und zeigen Sie mir meinen Vorteil. Widerstehen Sie der Versuchung, ebenfalls polemisch zu werden oder mit Unterwürfigkeit auf meine Angriffe zu reagieren.

*Antwortbeispiel:* »Dann lassen Sie uns darüber sprechen, wie meine Leistung dem Unternehmen auch in Zukunft nützen kann.« (Gut! Sie stellen das Thema Geld erst einmal zurück, dafür meinen Vorteil in den Mittelpunkt.) »Gern würde ich mich weiter steigern und auch zu Ihrem persönlichen Erfolg beitragen.« (Interessant!) »Inwiefern nützt Ihnen meine Arbeit im Moment?« (Sie lenken meine Gedanken in eine positive Richtung. Ich zähle ein paar Punkte auf, bin jetzt doch in das Gespräch eingestiegen.) »Und welche Erwartungen haben Sie an mich in den nächsten Jahren?« (Ich male mir eine Zukunft mit Ihnen in der Rolle des nützlichen Mitarbeiters aus. Kein schlechter Gedanke!) »Ich sehe, unsere Vorstellungen gehen bei der Leistung Hand in Hand.« (Sie heben die Gemeinsamkeit hervor.) »Angesichts dieser Einigkeit bin ich zuversichtlich, dass wir in finanzieller Hinsicht doch noch auf einen Nenner kommen. Also …« (Sie haben meine Ohren für Ihre Trumpf-Argumente geöffnet und können einen neuen Anlauf nehmen.)

**KONTERSTRATEGIE 2** Falls ich aggressiv bleibe: Begrenzen Sie den Flurschaden, indem Sie einen neuen Termin vorschlagen. Vielleicht hindert mich nur mein Stolz daran, in diesem Gespräch von meinem ursprünglichen Standpunkt abzuweichen.

*Antwortbeispiel:* »Bei mir entsteht das Gefühl, Sie haben heute kein offenes Ohr für dieses Thema – stimmt das?« (»Ja«, knurre ich, allerdings schon etwas zahmer; Ihre Ich-Botschaft teilt mit, welchen Eindruck Sie haben, klagt mich aber nicht an.) »Dafür habe ich Verständnis, als Chef ginge es mir vielleicht nicht anders.« (Hätte wohl doch nicht so harsch reagieren sollen!) »Verstehen Sie bitte auch: Für mich ist die Frage, wie ich

mich in unserer Firma entwickeln kann, von großer Bedeutung.«
(Mit »entwickeln« umgehen Sie klugerweise die Tretmine »Gehaltserhöhung«.) »Gerne würde ich noch viele Jahre mein Bestes für den Erfolg des Unternehmens tun.« (Leise schwingt mit:
Wenn wir uns in der Gehaltsfrage nicht einigen, könnten Sie
abwandern.) »Vielleicht bringt uns dieser Vorschlag weiter: Wir
vereinbaren jetzt einen neuen Termin. Und in der Zwischenzeit überdenken wir beide noch einmal unsere Einstellung.«
(Psychologisch geschickt, dass Sie nicht nur mich zur Läute-
rung mahnen, sondern sich ins selbe Boot setzen. Na gut, dann
auf ein Neues!)

Vielleicht gebe ich Ihnen auch dies zur Antwort: »**Sie verdienen
heute schon mehr als branchenüblich!**«

**DER TRICK** Ich schüchtere Sie ein, treibe Sie in die Defensive,
mache Ihnen ein schlechtes Gewissen. Auf den Wahrheitsgehalt
meiner Behauptung kommt es dabei nicht an.

*Unter uns gesagt:* Ich weiß ganz genau, was die Konkurrenz
zahlt, denn ich habe dort schon Mitarbeiter abgeworben. Meist
musste ich tief in die Tasche greifen. Aber das werde ich Ihnen
nicht auf die Nase binden, im Gegenteil.

**KONTERSTRATEGIE 1** Im Vorfeld haben Sie recherchiert. Machen Sie mir freundlich, aber auch deutlich klar, dass Sie Ihren
Marktwert realistisch einschätzen können.

*Antwortbeispiel:* »Das stimmt, es gibt Berufskollegen, die weniger verdienen.« (Na also, dachte schon, Sie streiten das ab.)
»Aber darf ich als Arbeitskraft, die überdurchschnittliche Leis-

tungen bringt, nicht auch eine überdurchschnittliche Bezahlung erwarten?« (Sie stellen mir wieder eine Frage, statt mich mit einer entsprechenden Aussage zu Widerspruch zu provozieren.) »Mir ist zum Beispiel bekannt, dass ich mit meiner Leistung beim Unternehmen XY 200 bis 300 Euro mehr verdienen könnte.« (Hoppla, Sie haben doch nicht etwa ein Angebot der Konkurrenz in der Tasche? Zeit, dass ich nachlege!) »Bitte überdenken Sie die Höhe meines Gehaltswunsches noch einmal vor diesem Hintergrund.« (Jetzt muss ich Farbe bekennen.)

KONTERSTRATEGIE 2 Falls die Gehälter in meiner Firma tatsächlich hoch sind: Appellieren Sie an meine Eitelkeit und meinen Stolz – je anschaulicher, desto besser. Eine herausragende Firma zahlt auch herausragende Gehälter …

*Antwortbeispiel:* »Ich stimme Ihnen völlig zu: Unsere Firma zahlt sehr gute Gehälter!« (Hätte nicht gedacht, dass Sie das zugeben!) »Bildlich gesprochen: Wir sind ein Spitzenteam in der Bundesliga, weil wir Spitzengehälter zahlen und folglich auch Spitzenspieler haben.« (Das schmeichelt mir! Der Fußballvergleich macht mich außerdem hellwach – wie oft werde ich in Verhandlungen mit blutleeren Floskeln gelangweilt!) »Nun habe ich in der letzten Saison, wie Sie meiner Leistungsmappe entnehmen können, eine Reihe wichtiger Tore geschossen. Tore, die unserem Verein einen hohen Tabellenplatz und Einnahmen gesichert haben.« (Das wirft ein neues Licht auf Ihre Leistung!) »An diesem Erfolg möchte ich teilhaben – auf dass ich in der neuen Saison wieder unbeschwert für die Firma das Tor treffe.« (Ich schmunzle, Sie haben mich aufgetaut. Anpfiff der zweiten Halbzeit!)

**H Ü R D E** »Der Chef hat ja Recht – ich verdiene jetzt schon mehr als andere.«

**S P R U N G** Wenn Sie mehr leisten, ist es nur gerecht, dass Sie auch mehr verdienen.

### Cheftyp 4: Der Listige

Eigentlich möchte ich Ihr Gehalt ja erhöhen. Eigentlich! Aber leider klappt es nie. Mal funkt mir die Gerechtigkeit dazwischen, dann begeistere ich Sie für eine andere Lösung, dann … Meine Phrasen klingen zum Beispiel so: »**Das wäre ungerecht gegenüber den Kollegen!**«

**D E R  T R I C K** Ich spiele mich auf zum Vorreiter der Gerechtigkeit, während mein wahres Motiv, die Sparsamkeit, im Dunkeln bleibt. Am Ende haben Sie das Gefühl, das Geld käme nicht von mir, sondern aus der Tasche Ihrer Kollegen. Sie sollen über Ihre moralische Hemmschwelle stolpern.

*Unter uns gesagt:* In der freien Wirtschaft ist jeder seines eigenen Gehaltes Schmied. Es ist Ihr gutes Recht, entsprechend Ihrer Leistung zu fordern. Das Gehalt Ihrer Kollegen bleibt davon unberührt; Sie schaden ihnen nicht. Außerdem: Sind in einer Gehaltsstruktur wirklich die Ausreißer nach oben »ungerecht«? Oder ist es ungerecht, dass ich all jenen, die es mit sich machen lassen, nur einen Mindestlohn zahle?

**K O N T E R S T R A T E G I E 1** Weisen Sie mich auf Ihre individuelle Leistung hin, aber werten Sie dabei die Kollegen nicht ab.

*Antwortbeispiel:* »Ihr Bemühen um eine gerechte Gehaltsstruktur schätze ich.« (Ihr Ton ist frei von Spott, ich darf das als Kompliment werten.) »Und – korrigieren Sie mich, wenn ich mich irre – gerecht bezahlen heißt doch auch, nach Leistung zu bezahlen?« (Sie laden mich ein, Sie zu korrigieren – was ich in diesem Fall inhaltlich aber nicht kann. So haben Sie mich einbezogen und eine gemeinsame Wertgrundlage für den Fortgang der Verhandlung definiert.) »Meine Arbeit übertrifft die durchschnittliche Leistung bei weitem, da waren wir uns anhand meiner Beispiele einig. Verstehen Sie vor diesem Hintergrund, dass ein überdurchschnittliches Gehalt durchaus fair wäre?« (Sie sorgen dafür, dass ich die Dinge mit Ihren Augen sehe. Gut, dass Sie es positiv sagen: »Fair wäre« ist deutlich besser als »nicht ungerecht«.)

**KONTERSTRATEGIE 2** Bieten Sie mir Ihre Beförderung als originelle Lösung meines »Gewissenskonflikts« an (natürlich nur, sofern sie nicht völlig unrealistisch ist).

*Antwortbeispiel:* »Verstehe ich Sie richtig: Sie halten eine Gehaltserhöhung für ungerecht gegenüber den Kollegen auf derselben Hierarchieebene?« (Ich nicke eifrig. Durch Ihr aktives Zuhören gewinnen Sie meine innere Zustimmung.) »Damit treffen Sie ein Gefühl, das auch ich habe – wenngleich in anderer Hinsicht: Ich fühle mich durch meine Leistung schon seit einiger Zeit als Erster unter Gleichen. Die Kollegen akzeptieren mich in dieser Rolle.« (Das weiß ich.) »Aber ich habe den Eindruck, sie fühlen sich durch mein Arbeitspensum und meine Überstunden auch unter Zugzwang. Das bremst mich natürlich, weil ich das gute Arbeitsklima bewahren möchte.« (Wie kann ich verhindern, dass Sie gebremst werden?) »Dabei würde ich gern mein hohes Leistungsniveau halten und ausbauen.« (Musik in meinen Ohren!) »Was halten Sie von der Idee, klar Schiff zu machen und mich zu befördern? So stellen Sie meine außerordentliche Leistung und ein höheres Gehalt auf ein solides Fundament.« (Jetzt kann ich wählen: Mache ich Sie in Ihrer alten Position durch eine Gehaltserhöhung zu einem verhältnismäßig teuren Mitarbeiter – oder packe ich die Chance beim Schopf und hebe sie gleich auf eine entsprechende Hierarchiestufe?)

Vielleicht schlage ich Ihnen auch einen anderen Deal vor, zum Beispiel: »**Nicht mehr Geld – aber eine Beförderung!**«

**DER TRICK** Die Beförderung schmeichelt Ihrer Eitelkeit. Sie soll als Ersatzbefriedigung für den unerfüllten Gehaltswunsch dienen. Danach kriegen Sie ein paar zusätzliche Arbeiten auf den Tisch und schaffen alles zum gleichen Gehalt weg – was kann mir Besseres passieren?

*Unter uns gesagt:* Wenn ich Ihre Leistung so hoch bewerte, dass ich Sie befördere, kommt das einem schriftlichen Geständnis gleich: Bei Ihnen wäre eine Gehaltserhöhung von mindestens zehn bis 15 Prozent angemessen!

**KONTERSTRATEGIE 1** Gehen Sie auf das Angebot der Beförderung ein und arbeiten Sie Ihre Leistung als Grundlage heraus. Machen Sie mir gleichzeitig deutlich, dass vor dem B (wie Beförderung) ein A (wie Anhebung des Gehalts) stehen muss.

*Antwortbeispiel:* »Ihr Angebot freut mich und beweist mir Ihr Vertrauen! Ich nehme die Beförderung gern an.« (Ich spüre Ihre Begeisterung, daneben auch Wertschätzung für mich. Sie scheinen wirklich Lust auf die Stelle zu haben.) »Dieser Schritt bestätigt mir, dass Sie den Wert meiner Leistung erkannt haben und zu schätzen wissen.« (Sie leiten aus dem Angebot der Beförderung ein Argument für mehr Geld ab, indem Sie auf Ihren »Wert« hinweisen.) »Und vieles spricht dafür, dass die Beförderung mit einer Gehaltserhöhung einhergeht. Als erfahrener Vorgesetzter wissen Sie, dass eine Beförderung schlecht auf einem Bein steht.« (Wenn Sie mich wie einen Vorgesetzten mit Sachverstand ansprechen, steigt die Chance, dass ich mich auch so verhalte. Zumal Sie in der Sache Recht haben.) »Natürlich werde ich in der neuen Position die Ärmel noch höher krempeln. Ich freue mich schon auf die zusätzliche Verantwortung!« (Sie kündigen weitere Leistungen als Gegenwert für die Erhöhung an. Nur zu, solange Sie mich damit entlasten!)

**KONTERSTRATEGIE 2** Falls ich die Gehaltserhöhung rigoros ablehne: Schlagen Sie den Seitenpfad einer leistungsabhängigen Bezahlung ein, etwa durch Prämie, Bonus usw. – solche Modelle sind in leitenden Positionen üblich.

*Antwortbeispiel:* »Verstehe ich Sie richtig: Sie sind der Meinung, eine Gehaltserhöhung muss nicht sein, da mir die neue Position schon an sich eine bessere Perspektive verschafft?« (Ich bestätige. Gut aktiv zugehört!) »Dann möchte ich gern über die Art der Perspektive sprechen. Ich nehme an, Sie wollen mich an meiner Leistung messen?« (Wieder nicke ich.) »Was halten Sie dann von dem Vorschlag, dass wir konkrete Leistungsziele definieren – und einen Zeitpunkt, bis wann ich sie erreicht haben soll?« (Hervorragend! Dann habe ich einen Maßstab, mit dem ich Ihre Leistungen messen kann.) »Und wie wäre es, gleichzeitig eine Prämie zu definieren, die ich nur beim Erreichen des

Zieles bekomme?« (Wieder servieren Sie mir Ihre Vorschläge als Fragen und geben mir das gute Gefühl, ich entwickle die Entscheidung mit!) »Dann gehen Sie kein finanzielles Risiko ein – Sie zahlen nur für tatsächliche Leistung.« (Sie haben mir meinen Vorteil schmackhaft verkauft. Dieses Zahlungsmodell kenne und schätze ich, wie fast alle Chefs, durch meinen eigenen, erfolgsabhängigen Vertrag.)

**HÜRDE** »Eine Beförderung ist eine gute Alternative zu mehr Gehalt.«
**SPRUNG** Beides gehört zusammen. Mehr Verantwortung muss mehr Geld bedeuten.

### Cheftyp 5: Der Lober

Ich gebe mich als Fan von Ihnen aus, klopfe bei jeder Gelegenheit auf Ihre Schulter und verschaffe Ihnen Hochgefühle – aber kein hohes Gehalt. Meine Killerphrasen sind erst auf den zweiten Blick erkennbar. Zum Beispiel: **»Sie sind mein bestes Pferd im Stall, ich habe Großes mit Ihnen vor …«**

**DER TRICK** Mein Lob lässt Sie auf Wolken schweben. Sie sind verblüfft, was ich Ihnen alles zutraue. Und siehe da: Auf einmal drückt der Gehaltsschuh gar nicht mehr! Erst nach unserem Gespräch – wenn überhaupt – landen Sie wieder auf dem Boden der Tatsachen: Ich habe Ihnen zwar eine große Zukunft ausgemalt, Ihr Gehalt aber klein belassen.

*Unter uns gesagt:* Von Lob können Sie sich nichts kaufen! Schon gar nicht von falschem Lob, das ich eigennützig als Trostpflaster über Ihren Gehaltswunsch klebe. Wenn es mir ernst mit der Anerkennung ist, werde ich meine Worte immer mit einer ordentlichen Gehaltserhöhung unterstreichen.

**KONTERSTRATEGIE 1** Auch wenn Sie meinem Lobgesang auf Ihre Leistungen stundenlang lauschen könnten: Bringen Sie mich mit einer geschlossenen Frage auf den Punkt. Dann wissen Sie, woran Sie sind.

*Antwortbeispiel:* »Es freut mich, wie hoch Sie meine Leistung schätzen. Ich merke an Ihrer Beurteilung, dass Sie meine Arbeit gut im Blick haben.« (Ein Kompliment – immer gut fürs Klima! Zudem lassen Sie selbstbewusst durchblicken, dass Sie mein Urteil teilen.) »Damit ich Sie richtig verstehe: Darf ich Ihre Einschätzung als Zustimmung zu meiner Gehaltsforderung werten?« (Jetzt sitze ich in der eigenen Falle: ja oder nein? Aber wie könnte ich nach meiner Vorrede ablehnen?)

**KONTERSTRATEGIE 2** Falls ich der Gehaltsforderung bewusst immer wieder ausweiche oder gar fadenscheinig ablehne: Lassen Sie sich mein Lob schwarz auf weiß als Zwischenzeugnis geben. Das ist für mich ein Wink mit dem Zaunpfahl, dass Sie sich ein besseres Gehalt zur Not anderswo holen.

*Antwortbeispiel:* »Ich sehe, wir sind uns einig, was die Beurteilung meiner Leistung angeht. Jetzt ist ein guter Zeitpunkt, um diesen Stand einmal schriftlich in einem Zwischenzeugnis festzuhalten.« (Au Backe, mein Trostpflaster scheint nicht zu wirken! Das Zeugnis wäre die Fahrkarte zum nächsten Arbeitsplatz. Jetzt muss ich doch erhöhen, falls ich Sie halten will. Und haltenswert sind Sie ja; mein Lob kommt nicht von ungefähr.)

**HÜRDE** »Das Lob des Chefs tut mir unheimlich gut!«
**SPRUNG** Achten Sie darauf, dass Wort (also Lob) und Tat (also Gehaltserhöhung) Hand in Hand gehen.

### Cheftyp 6: Der Feige

Ich zittere bei jeder Entscheidung. Wer weiß, was passiert! Im Zweifelsfall bin ich für Ihr Gehalt nicht zuständig. Wenn ich mich doch entscheide, dann oft dafür, nichts zu entscheiden. Ich sage Sätze wie: »**Dieses Beispiel könnte Schule machen!**«

**DER TRICK** Ich spreche nicht von Ihrer einzelnen Forderung, sondern stelle sie als Schneekristall in einer Lawine dar, die mich hinab in die Finanznot reißen wird. Natürlich können Sie mir keine Garantie geben, dass nicht in den nächsten Monaten weitere Kollegen nach mehr Geld fragen.

*Unter uns gesagt:* Dieser »Trick« entspringt oft meiner wahren Befürchtung! Für mich gibt es keinen schlimmeren Alptraum, als dass sich unter den Mitarbeitern herumspricht: »Beim Chef rennst du mit Gehaltsforderungen offene Türen ein!« (Siehe »Bosse, die knurren, geizen nicht«, Seite 22).

**KONTERSTRATEGIE 1** Nehmen Sie meine Befürchtung ernst, indem Sie sich durch eine geschlossene Nachfrage vergewissern. Und befreien Sie mich dann von meiner Angst vor einer Forderungslawine, indem Sie absolute Verschwiegenheit garantieren.

*Antwortbeispiel:* »Sie sind deshalb so skeptisch, weil Sie fürchten, meine Gehaltsverbesserung könnte weitere nach sich ziehen?« (Schnelles Kopfnicken von mir. Das aktive Zuhören bringt

Ihnen meine Zustimmung.) »Angenommen, ich könnte Ihnen garantieren, dass meine Forderung keine weiteren nach sich zieht?« (Dann, gestehe ich, wäre die Lage anders! Mit Sätzen nach dem Muster »Angenommen, das Problem wäre nicht …« können Sie stets neuen Verhandlungsraum öffnen, falls meine Bedenken echt und nicht nur ein Vorwand sind.) »Dann kann ich Sie gründlich beruhigen: Ich garantiere Ihnen, wenn Sie wollen auch schriftlich, dass diese Vereinbarung unter uns bleibt.« (Schriftlich ist gut! Da ich es mit der mündlichen Wahrheit auch nicht so genau nehme, habe ich gern alles schwarz auf weiß.) »Niemand in der Firma, wirklich niemand, wird davon erfahren.« (Klingt, als wäre es Ihnen ernst.)

**KONTERSTRATEGIE 2** Falls ich stur bleibe: Arbeiten Sie unsere Übereinstimmung heraus, was Ihre Leistung angeht. Und zwingen Sie mich durch psychologisch geschickte Fragen, dass ich mich in Ihre Rolle versetze – und so vielleicht zu Ihrem Verbündeten werde.

*Antwortbeispiel:* »Aus Ihrer Antwort schließe ich: Meine Leistung würde einer Gehaltserhöhung nicht im Weg stehen?« (Ich stimme zu; sonst könnten Sie mir mit Recht vorwerfen, ich hätte bislang um den heißen Brei herumgeredet.) »Gut. Dann bitte ich Sie, sich in meine Situation zu versetzen. Sie haben sich bei der Arbeit ins Zeug gelegt, Überdurchschnittliches geleistet und haben nach Aussage Ihres Chefs auch eine Gehaltserhöhung verdient.« (Jetzt sehe ich die Lage mit Ihren Augen.) »Aber der berechtigte Einwand, das Beispiel könnte Schule machen, steht jetzt noch im Weg.« (Sie nehmen meinen Einwand ernst, das lässt Sie in meiner Achtung steigen.) »Was würden Sie in dieser

Situation tun, um doch noch an Ihr Ziel zu gelangen?« (Da ich gern kluge Antworten gebe und jetzt aus Ihrem Blickwinkel schaue, kann es gut sein, Sie bekommen nun den Schlüssel für Ihr Problem geliefert. Sonst behalten Sie die Perspektive bei und nehmen Sie noch einen Anlauf!)

Kann sein, dass ich Ihnen auch Folgendes antworte: »**Ich würde ja – aber mein eigener Chef will nicht!**«

**DER TRICK** Ich stehe vor Ihnen als Freund und Helfer da, der schwarze Peter bleibt bei meinem Chef hängen. Falls Sie naiv genug sind, erleidet Ihre Motivation keinen Knick, und Sie gehen jetzt erst recht für mich durchs Feuer.

*Unter uns gesagt:* Als direkter Vorgesetzter habe ich immer – wirklich immer! – die Kompetenz, Ihr Gehalt zu erhöhen oder zumindest durch meinen Einsatz eine Erhöhung für Sie durchzusetzen.

**KONTERSTRATEGIE 1** Packen Sie mich bei der Ehre, machen Sie mich zu Ihrem Verbündeten und bieten Sie an, gemeinsam mit mir die (vermeintlichen) Zweifler zu überzeugen.

*Antwortbeispiel:* »Es freut mich, dass Sie persönlich hinter meiner Gehaltsforderung stehen.« (Sie bringen meine implizite Positivaussage ans Licht. Damit nehmen Sie mich in die Pflicht.) »Ich weiß, dass Ihr Wort in der Firma Gewicht hat.« (Ein Kompliment, dessen Wahrheitsgehalt ich gern beweise – natürlich halte ich mich für äußerst wichtig!) »Was halten Sie davon, dass wir einen gemeinsamen Termin mit Ihrem Vorgesetzten machen? Zusammen werden wir ihn überzeugen!« (Na gut. Und in Ihrer Gegenwart muss ich auch in Ihrem Sinne sprechen – sonst verliere ich mein Gesicht.)

**KONTERSTRATEGIE 2** Falls Sie Anhaltspunkte dafür haben, dass ich tatsächlich vor meinem Chef zittere: Schlagen Sie mir vor, dass Sie sich mit Ihrer Forderung allein in die Höhle des Löwen wagen, sodass er mir kein Haar krümmen kann.

*Antwortbeispiel:* »Verstehe ich Sie richtig: Sie fürchten, mit meinem Anliegen bei Ihrem Chef auf Widerstand zu stoßen?« (Aktiv zugehört! Ich bestätige.) »Und da Sie das Ergebnis ohnehin schon kennen, scheint Ihnen dieser Vorstoß nicht besonders sinnvoll?« (Ja.) »Was halten Sie davon, dass ich mein Anliegen selbst bei ihm vortrage? Sie können meinen Terminwunsch vermitteln – verweisen Sie einfach auf meine Hartnäckigkeit.« (Dann sieht mein Chef erstens, dass ich abgelehnt und Rückgrat bewiesen habe, und zweitens, dass Sie mich nicht übergangen haben.) »Falls er meinem Gehaltswunsch doch zustimmt, geht das auf seine Kappe. Und ich werde noch motivierter für Sie arbeiten.« (So gesehen kann ich als Ihr Verbündeter nur gewinnen.)

**HÜRDE** »Die Kollegen sind schon gespannt, ob ich mit meiner Forderung durchkomme!«
**SPRUNG** Sprechen Sie mit niemandem in der Firma über Ihren Vorstoß! Sonst bereiten Sie dem Chef (und sich!) großen Ärger.

## Cheftyp 7: Der Kumpel

Ich bin mit Ihnen so gut wie befreundet, vor allem dann, wenn es meinem Vorteil dient. Weil ich nett bin, fällt es Ihnen schwer, in der Verhandlung mit harten Bandagen zu kämpfen. Ich sage zum Beispiel: »**Unser gutes Verhältnis ist doch auch was wert!**«

**DER TRICK** Ich verquicke Ihre Gehaltsforderung mit unserer Beziehung, um Ihre Loyalität vor meinen Karren zu spannen. Zwischen den Zeilen schwingt mit: »Ich meine es doch gut mit Ihnen, nutzen Sie mich nicht aus!«

*Unter uns gesagt:* Wir sind im Gehaltsgespräch reine Geschäftspartner: Sie verkaufen Ihre Leistung, ich biete Geld dafür. Kameradschaft steht auf einem anderen Blatt. Ich kann beides genau unterscheiden (will es aber nicht immer!). Niemals kämen *Sie* bei mir durch mit: »Ich bin doch ein netter Kerl, Chef, da müssen Sie verstehen, dass ich für mein Geld ein bisschen weniger arbeite.«

**KONTERSTRATEGIE 1** Machen Sie mir deutlich, dass unser gutes Verhältnis und Ihre Gehaltsforderung auf getrennten Blättern stehen. Nicht unsere Beziehung, eine Sachfrage steht zur Debatte.

*Antwortbeispiel:* »Unser gutes Verhältnis schätze ich sehr. Ich glaube, darauf dürfen wir stolz sein!« (Sie greifen meinen Ansatz auf, betonen die Einigkeit in diesem Punkt.) »Allerdings stehen wir jetzt vor einer Sachfrage. Und die, schlage ich vor, sollten wir im beiderseitigen Interesse von unserem freundschaftlichen Verhältnis trennen: Ich behandle Sie wie jeden anderen Chef, verlange nicht mehr und nicht weniger.« (Das erwarte ich sogar von Ihnen!) »Und Sie beurteilen mein Anliegen wie das jedes anderen Arbeitnehmers. Einverstanden?« (Nun bin ich im Zugzwang und kann eigentlich nur »ja« sagen. Meine Killerphrase ist entschärft.) »Vor diesem Hintergrund noch einmal ...« (Es folgen Ihre Trumpf-Argumente für die Gehaltserhöhung.)

**KONTERSTRATEGIE 2** Wenn ich dennoch blocke:

Geben Sie mir vorsichtig zu verstehen, dass Sie unsere Beziehung nicht davon abhalten wird, Ihr Gehaltsziel zu erreichen – nötigenfalls in einer anderen Firma.

*Antwortbeispiel:* »Gerade weil wir ein so gutes Verhältnis haben, möchte ich mit offenen Karten spielen.« (Geschickt! Nun stellt sich mir unser Verhältnis nicht mehr als Hindernis, sondern als positive Grundlage für die Verhandlung dar.) »Ich plane fest mit der Verbesserung meines Gehalts.« (Also nicht nur eine Flause in Ihrem Kopf!) »Meine Leistung habe ich Ihnen dargelegt – das verbesserte Gehalt wäre ein fairer Gegenwert.« (Ihre Leistungsmappe hat mich beeindruckt, auch wenn ich aus taktischen Gründen keinen Mundwinkel verzogen habe.) »Was ich fordere, entspricht meinem Marktwert; ich habe mich erkundigt.« (Alarm! Sie haben mit der Konkurrenz gesprochen!) »Natürlich würde ich meine Leistung am liebsten weiterhin in unsere Firma stecken und dieses Gehalt hier verdienen.« (»... und nicht woanders«, füge ich in Gedanken besorgt hinzu.) »Wir haben ein gutes Verhältnis und sind beide guten Willens – lassen Sie uns einen Weg finden.« (Sie setzen eine positive Erwartung in mich, der ich entsprechen möchte. Gleichzeitig deuten Sie Ihr Entgegenkommen an.)

**HÜRDE** »Da ich mit dem Chef befreundet bin, werde ich bescheiden fordern.«

**SPRUNG** Fordern Sie immer das, was Sie wirklich wollen. Sonst entsteht Frustration, und damit ist keinem gedient.

## Cheftyp 8: Der Geizige

Ich bin fürs Feilschen geboren, drehe jeden Euro dreimal um, bevor ich ihn dann doch nicht ausgebe. Und wenn – ausnahmsweise! –, dann gleichen meine Gehaltserhöhungen oft Almosen: **»O. k., sagen wir 50 Euro!«**

**DER TRICK** Sie bekommen zwar, was Sie wollen: eine Gehaltserhöhung. Doch nur einen winzigen Betrag, der Sie die nächsten 15 bis 18 Monate knebeln wird. In dieser Zeit entgegne ich auf weitere Gehaltsforderungen: »Ich hab doch gerade erhöht; nicht schon wieder!«

*Unter uns gesagt:* Eine Gehaltserhöhung belohnt und motiviert, ein Almosen verhöhnt und erniedrigt. Ich selbst würde mich in einer Gehaltsverhandlung niemals mit weniger als acht bis zehn Prozent zufrieden geben.

**KONTERSTRATEGIE 1** Arbeiten Sie heraus, dass ich Ihre Forderung an sich akzeptiere – und überzeugen Sie mich mit deutlichen Worten davon, dass mir eine Chance entgeht, wenn ich nur »halbe Sache« mache.

*Antwortbeispiel:* »Es freut mich, dass wir übereinstimmen: Sie meinen also auch, dass eine Gehaltsverbesserung angebracht ist.« (Ja, das habe ich durch mein Angebot zugegeben.) »Was wollen Sie durch diese Investition erreichen?« (»Investition«

macht mir deutlich, es kann sich für mich auszahlen! Ich antworte, dass ich Ihre Leistung belohnen, Ihre Motivation fördern und Sie dauerhaft an die Firma binden möchte.) »Dann will ich offen sein: Mit diesem Betrag werden Sie keines dieser drei Ziele erreichen. Die Erhöhung ist zu gering für meine Leistung und meinen Marktwert.« (Sie sprechen von meinem Vorteil; in diesem Zusammenhang schätze ich Offenheit.) »Eine faire Erhöhung sehe ich bei sieben Prozent. Auf diesem Niveau würde ich mich belohnt, motiviert und an die Firma gebunden fühlen.« (Gut, ich handele Sie auf fünf Prozent herunter. Dann erreiche ich meine Ziele mit der Investition.)

**KONTERSTRATEGIE 2** Falls ich Ihnen nicht entgegenkomme: Bieten Sie mir an, auf die jetzige Gehaltserhöhung vier oder sechs Monate zu verzichten, wenn dann ein ordentlicher Gehaltssprung drin ist (schriftlich festhalten!). Damit fahren Sie auf mittlere Sicht deutlich besser.

*Antwortbeispiel:* »Ich nehme an, Sie haben gute Gründe, dass Sie mir im Augenblick nur eine relativ kleine Gehaltsverbesserung anbieten?« (Ich nicke.) »Aber diese Gründe, nehme ich weiter an, werden nicht dauerhaft bestehen?« (Wieder nicke ich; sonst würde die Arbeit in der Firma perspektivlos für Sie.) »Mein Vorschlag: Bevor wir jetzt eine Notlösung zimmern, die uns beide nicht glücklich macht, setzen wir lieber etwas später ein solides Fundament.« (Anschaulich!). »Ich kann meinen Gehaltswunsch noch für vier, maximal sechs Monate aufschieben.« (Sie kommen mir entgegen.) »Das heißt: Ich arbeite bis dahin zum alten Gehalt. Im Gegenzug erwarte ich, dass dann die gewünschte Verbesserung wirksam wird.« (Ich bin auch nur ein

Mensch und neige zum Aufschieben von Problemen – und bis dahin ist's vielleicht vergessen. Abgemacht!) »Und zur beiderseitigen Sicherheit halten wir diese Vereinbarung in einer kurzen Aktennotiz fest.« (Siehe auch nächstes Kapitel). (Jetzt kann ich nicht mehr zurück. Dann wird mir meine »Vergesslichkeit« doch nicht helfen.)

**HÜRDE** »Besser eine kleine als keine Gehaltserhöhung!«
**SPRUNG** Lassen Sie sich nicht abspeisen. Die Chance kommt so schnell nicht wieder!

## Einmal bitte schwarz auf weiß

Gehen wir davon aus, Sie haben es geschafft: Bei Ihnen kommt an, dass ich Ihr Gehalt um zehn Prozent erhöhen werde. In bester Laune tänzeln Sie aus meinem Büro, laden abends Ihre Familie zum Italiener ein und suchen sich im Katalog schon mal eine neue Einbauküche aus.

Und dann bricht ein Unglück über Sie herein: Auf Ihrem Gehaltszettel stehen tatsächlich zehn Prozent mehr – aber nur einen Monat lang! Als Gratifikation. So hatte ich unsere Abmachung verstanden!

Rufen Sie nicht gleich »Betrug«. Es muss nicht sein (ist jedoch auch nicht ausgeschlossen), dass ich Sie über den Tisch gezogen habe. Vielleicht liegt ein schlichtes Missverständnis vor. Sie wissen doch selbst, wie oft Menschen aneinander vorbeireden. Zwischen dem, was Sie sagen (oder sagen wollen), und dem, was ich höre (oder hören will), können Meilen liegen.

Immerhin waren Sie aufgeregt in dem Gehaltsgespräch, und meine Gedanken waren vielleicht nicht bei der Sache. Was nun?

Anderer Fall: Unmittelbar nach unserer mündlichen Vereinbarung fahre ich meinen dicken BMW gegen einen Baum und trete meine letzte Dienstreise ins Jenseits an. Keiner außer Ihnen und mir kennt unsere Absprache. Wie wollen Sie meinem Nachfolger beibringen, dass Sie mit mir doch vereinbart hatten …?

Es gibt für Sie nur eine Absicherung: Halten Sie alle wichtigen Vereinbarungen schriftlich fest. Fassen Sie unsere Unterredung am Ende mündlich zusammen und kündigen Sie an, dass Sie dieses Ergebnis zur beiderseitigen Sicherheit in einer kurzen Gesprächsnotiz festhalten wollen. Oft werde ich Ihnen anbieten, diese Arbeit selbst zu übernehmen – umso besser. Aber auch Ihre Notiz hat verbindlichen Charakter, wenn ich nicht widerspreche und sie zu den (Personal-)Akten lege.

**HÜRDE** »Juhu, die Gehaltserhöhung ist abgenickt. Jetzt kann nichts mehr schiefgehen!«
**SPRUNG** Halten Sie das Gesprächsergebnis schriftlich fest und geben Sie die Notiz dem Chef zur Kenntnis. Dann erst sind Sie auf der sicheren Seite.

## Persönliches Gehaltsthermometer:
## Können Sie die Abwehr des Chefs kontern?

Wissen Sie die passende Antwort, wenn Ihr Chef mit Killerphrasen angreift? Testen Sie es mit dem Gehaltsthermometer. Kreuzen Sie jeweils die Antwort an, der Sie am ehesten zustimmen.

**1. Der Chef sagt auf Ihre Gehaltsforderung: »Das kann sich die Firma nicht leisten!« Wie reagieren Sie?**

a) Ich antworte: »Das glauben Sie ja selbst nicht – die Chefgehälter wachsen doch auch ständig!«

b) Ich weise auf Konkurrenzfirmen hin, von denen ich weiß, dass sie auch jetzt noch Lohnerhöhungen gewähren. Immerhin könnte ich wechseln!

c) Ich habe die wirtschaftliche Lage der Firma im Vorfeld geprüft und antworte entsprechend. Bei tatsächlicher Finanznot mache ich den Chef darauf aufmerksam, dass meine Leistungen der Firma beim Weg aus der Krise helfen.

**2. Der Chef entgegnet Ihnen: »Jetzt gibt's keine Gehaltserhöhung – dafür im nächsten Jahr!«**

a) Ich bedanke mich – diese Aussicht motiviert!

b) Ich frage konkret nach, welche Leistungen der Chef im nächsten Jahr von mir erwartet, damit es dann mit der Erhöhung auch wirklich klappt.

c) Ich lasse mir die Taube auf dem Dach nicht verkaufen und verlange schon jetzt einen fairen Gegenwert für meine Leistung. Zumindest strebe ich eine schriftliche Zusage für die Zukunft an.

**3. Der Chef kontert: »Das wäre unfair gegenüber den Kollegen!«**

a) Ich gehe die einzelnen Kollegen durch und lege dar, dass sie verglichen mit mir weniger oder schlechte Arbeit leisten.

b) Ich verspreche, dass die Kollegen nichts von der Erhöhung erfahren werden.

c) Ich verweise darauf, dass meine überdurchschnittliche Leistung auch eine überdurchschnittliche Vergütung erfordert.

**4. Der Chef sagt: »Ich möchte ja – aber mein eigener Vorgesetzter steht im Weg!«**

a) Ich sage ganz direkt: »Das ist doch nur ein Vorwand! Sie brauchen sich gar nicht hinter anderen zu verstecken.«

b) Ich sage meinem Chef, dass ich von ihm erwarte, dass er die Interessen seiner Abteilung und damit auch meine nach oben vertritt.

c) Ich biete ihm an, dass wir gemeinsam diesen Vorgesetzten überzeugen.

**5. Der Chef bietet Ihnen eine Erhöhung an – aber nur einen winzigen Betrag.**

a) Besser als gar nichts!

b) Ich feilsche, damit's ein paar Euro mehr werden. Ohne Flexibilität geht heute gar nichts.

c) Ich verlange eine angemessene Erhöhung. Sonst verbaue ich mir auf 15 bis 18 Monate für weitere Forderungen den Weg.

**6. Sie haben sich mit dem Chef auf ein Gehalt geeinigt. Was tun Sie nach der Verhandlung?**

a) Ich gebe vor meinen Arbeitskollegen ein wenig an, wie erfolgreich ich doch war.

b) Ich rechne in Gedanken durch, wie hoch mein künftiges Nettogehalt sein wird.

c) Ich halte unsere Vereinbarung in einer Gesprächsnotiz fest, die ich dem Chef zur Kenntnis gebe. Sicher ist sicher!

**Auswertung**
Welchen Buchstaben haben Sie am häufigsten angekreuzt?

a) **Eiskalt:** Sie sind zu direkt, zu genügsam, zu blauäugig und nicht verschwiegen genug. Mangels Taktik laufen Sie ins offene Messer des Chefs.

b) **Lauwarm:** Sie kontern die Chefangriffe nicht schlecht – aber die letzte Zielstrebigkeit und Professionalität in der Verhandlung müssen Sie sich noch aneignen.

c) **Heiß:** Sie wissen nicht nur, was Sie wollen, sondern auch, wie Sie es bekommen – und lassen sich vom Abwehrfeuer des Chefs nicht aus der Bahn werfen.

## Extra

# Das Vorstellungsgespräch

# Der Gehaltssprung Ihres Lebens

## Pokern Sie hoch – es lohnt sich!

Wenn ich Ihnen sage, dass viele Bewerber über ihren Gehaltswunsch stolpern, denken Sie vielleicht: »Das kommt von der Gier!« Wahr ist das Gegenteil: Die Bewerber fordern nicht zu viel, sondern zu wenig Gehalt! Wer sich mir, dem Chef, teuer verkauft, hat die besseren Karten.

Bedeutet das tatsächlich: Mit einem selbstbewussten Gehaltswunsch steigt Ihre Chance, dass ich Sie einstelle? In den meisten Fällen: ja! Beim Stellenwechsel sollten Sie 15 bis 20 Prozent über dem jetzigen Verdienst fordern. Beim Einstieg in den Beruf sind fünf bis zehn Prozent mehr als das Standardgehalt drin. Sogar als Arbeitsloser verbessern Sie Ihre Aussichten, indem Sie sich nach oben orientieren.

In absoluten Zahlen gesprochen: Ihr Jahresgehalt kann mit einem Satz um 3000, 6000 oder gar 12 000 Euro steigen. Kein schlechter Stundenlohn für ein oder (meist) zwei Vorstellungsgespräche von 45 bis 90 Minuten Dauer!

Mag sein, Sie haben bis heute ganz anders gedacht. Mag sein, Sie hielten Bescheidenheit für eine Zier, Geld für ein peinliches Thema und mich für einen Sparkommissar, bei dem eine winzige Forderung zu riesigen Einstellungschancen führt.

Doch versetzen Sie sich gedanklich in meinen Kopf! Was

denke ich, wenn Sie beim Stellenwechsel dasselbe Gehalt wie am alten Arbeitsplatz wollen oder beim (Wieder-)Einsteig Ihre Forderung ganz unten auf der Skala ansetzen?

Die Antwort werden Sie besser verstehen, wenn Sie das Vorstellungsgespräch als banales Verkaufsgespräch betrachten: Sie sind der Verkäufer und bieten eine Ware an: sich und Ihre Leistung. Ich bin der Käufer und prüfe diese Ware, natürlich mit Rücksicht auf den Preis, Ihr Wunschgehalt.

Bedenken Sie: Ich werde kein durchschnittliches Produkt kaufen; darum scheiden die meisten Bewerber aus. Was ich möchte, ist Spitzenware. Nur wenn Ihre Qualitäten Sie positiv aus der Masse heben, reizt mich der Kauf.

Im allerletzten Moment, bevor ich zuschnappe, frage ich nach dem Preis. Und jetzt nennen Sie einen Betrag, der eher auf ein Ramschprodukt im Ausverkauf als auf eine gefragte Qualitätsware schließen lässt.

Eine Welle des Misstrauens durchflutet mein Gehirn: Warum verlangen Sie so wenig? Da ist doch etwas faul, da muss ein versteckter Mangel sein, den ich übersehen habe! Wie viele Chefs haben diese Ware wohl geprüft und vom Kauf abgesehen?

Auf die Idee, dass Sie nur bescheiden sind, komme ich äußerst selten. (Und wenn doch, nutze ich Sie als billige Arbeitskraft aus!) Vielmehr male ich mir zum Beispiel aus:

- Sie haben mir Wasser als Wein angepriesen, sich aber beim Preis verraten.
- Sie wollen einen neuen Arbeitsplatz um jeden Preis, weil Sie es mit Ihrem alten Chef nicht mehr aushalten – oder eher: er mit Ihnen! Was haben Sie angestellt: schwere Fehler? Quertreiberei? Alkohol?

- Bei Ihnen als Berufseinsteiger ist der Gehaltswunsch wohl durch reihenweise Absagen geschmolzen. Warum haben meine Chefkollegen Sie nicht eingestellt? Übersehe ich den Pferdefuß?
- Als Arbeitsloser sind Sie offenbar zu allem bereit, um einen neuen Job zu bekommen – sicher auch zum Schwindeln über Ihre Fähigkeiten! Wie ehrlich waren Sie zu mir?

Wohlgemerkt: All diese Bedenken rufen Sie im letzten Augenblick auf den Plan, da der Vertrag schon fast in Ihrer Tasche ist. Und das nur durch Ihre Bescheidenheit!

Eine höhere Gehaltsforderung würde dagegen in mein Bild von Ihnen passen. Aus Erfahrung weiß ich:

- Spitzenmitarbeiter kosten Spitzenpreise! (Und ich halte Sie für einen Spitzenmitarbeiter – sonst wollte ich Sie nicht einstellen!)
- Wer in seiner alten Firma einen guten Stand hat, wechselt nur für ein Gehaltsplus von mindestens 15 Prozent. (Und ich hoffe doch, Sie haben sich bei Ihrem bisherigen Arbeitgeber bewährt!)
- Ein überdurchschnittlicher Preis deutet auf eine überdurchschnittliche Nachfrage hin. (Und ich gehe stark davon aus, dass auch andere Unternehmen an Ihnen interessiert sind.)

Wenn Sie sich wirklich gut verkaufen, kommt es zu einer Umkehrung der Rollen: Ich bewerbe mich um Ihre Mitarbeit! Da ich mich in direkter Konkurrenz zu Ihrem alten Chef oder zu anderen Bietern wäge, investiere ich für Ihren Zuschlag auch mal ein paar Euro mehr als geplant.

Apropos Zuschlag: Wann immer es geht, sollten Sie aus taktischen Gründen von sich aus keine Gehaltsvorstellung beziffern. Besser lassen Sie mich für Ihre Leistung bieten. Dabei können Sie ganz erstaunliche Preise erzielen, manchmal 25 oder 30 Prozent über Ihrem letzten Gehalt (siehe Seite 215).

**HÜRDE** »Wenn meine Forderung im Vorstellungsgespräch bescheiden ist, verbessere ich meine Chancen gegenüber den Mitbewerbern.«
**SPRUNG** Ein geringer Preis lässt immer auf geringe Qualität schließen! Der Chef will aber Spitzenware – folglich sollten Sie auch einen Spitzenpreis verlangen.

## Auf den Jahresverdienst kommt es an

Was meinen Sie: Wenn Ihr Monatsgehalt im Moment bei 2500 Euro liegt und ich biete Ihnen 3000 – ist das ein gutes Angebot? Oder eher nicht? Lassen Sie sich Zeit mit der Antwort, rechnen Sie nach. Und? »Ein Plus von 20 Prozent«, sagen Sie. »Ist doch in Ordnung!«

Damit liegen Sie richtig *und* falsch. Richtig, weil 20 Prozent wirklich eine saftige Erhöhung sind. Falsch, weil Sie gar nicht wissen, ob die effektive Steigerung 20 Prozent beträgt – oder nicht deutlich weniger!

Denn habe ich gesagt, wie viele Monatsgehälter ich zahle? Angenommen, Sie bekommen bei Ihrem alten Arbeitgeber 13 Gehälter, dazu ein halbes als Urlaubsgeld. Ich aber zahle nur zwölf.

Dann sieht die Rechnung schon anders aus! In Ihrer alten Firma kommen Sie im Jahr auf 33 750 Euro, in der neuen auf 36 000. Ihr »Gehaltssprung« entpuppt sich als Hopser von 6,7 Prozent. Außerdem haben Sie vielleicht zusätzliche Fahrtkosten, die Sie von dieser Summe noch abziehen müssen. Und dafür haben Sie den sicheren Hafen Ihrer alten Position verlassen, sich hinaus ins offene Meer einer Probezeit gewagt!

Der Taschenrechner kennt die Wahrheit: Für eine Gehaltssteigerung von 20 Prozent hätte sich Ihr Monatsgehalt auf 3375 Euro verbessern müssen.

Dieses Beispiel macht Ihnen deutlich: Das Monatsgehalt ist zwar der wichtigste Puzzlestein, aber erst die jährliche Gesamtvergütung ergibt ein komplettes, unmissverständliches Bild. Sprechen Sie mir gegenüber also immer vom Jahresgesamtverdienst und nicht, wie die meisten Bewerber, vom Monatsgrundgehalt! Wie kommen Sie auf eine angemessene Gehaltsforderung? Ein Vorgehen in drei Schritten hat sich bewährt:

1. Rechnen Sie aus, wie hoch Ihre Jahresvergütung im Moment ist. Damit meine ich Ihr Gehalt inklusive zusätzlicher Zahlungen wie Gratifikation, Prämie, Bonus, Provision usw.
2. Zu diesem Betrag addieren Sie den Wert aller Sonderleistungen Ihres Arbeitgebers, zum Beispiel Dienstwagen oder -wohnung, Fahrtkostenzuschüsse usw.

Nun wissen Sie, welchen finanziellen Vorteil Ihnen die alte Arbeit pro Jahr bringt. Damit Ihre Gehaltsforderung wirklich aufgeht, fragen Sie sich außerdem:

3. Hätten Sie zusätzliche Ausgaben durch den neuen Arbeitsort? Einen Umzug können Sie sich von mir spendieren lassen (in der Verhandlung ansprechen!). Aber was ist, wenn Sie eine weitere Anfahrt haben? Jeder Kilometer kostet Sie etwa 30 Cent. Bei nur 20 zusätzlichen Kilometern, die Sie 220-mal im Jahr fahren, sind das schon 1320 Euro. Oder Sie ziehen in eine andere Gegend, wo die Lebenshaltungskosten höher sind.

Auf Ihre Gehaltsforderung kommen Sie demnach so:

Jahresgesamtvergütung (inklusive aller Sonderleistungen)

+ Zusätzliche laufende Ausgaben durch neuen Arbeitsort (zum Beispiel Fahrt- oder Lebenshaltungskosten)

---

= Relativer Wert der alten Jahresvergütung

+ Gewünschte Erhöhung (meist 15–20 Prozent)

---

= Angestrebte Jahresvergütung

Falls Sie durch den neuen Arbeitsort Geld sparen, lassen Sie diesen Betrag unberücksichtigt. Es sei denn, Ihr jetziges Gehalt ist bereits außergewöhnlich hoch.

Im Vorstellungsgespräch sprechen Sie von Ihrem angestrebten Jahresverdienst inklusive aller Sonderleistungen. Diese Leistungen können Sie im nächsten Zug einzeln aufführen und herausfinden, was ich davon in der neuen Firma durchsetzen kann.

Dieses Vorgehen ist geschickter als der umgekehrte Weg, bei dem Sie vielleicht ein relativ kleines Jahresgehalt nennen und mit Dienstwagen und anderen Leistungen hinterherhinken. Stellen Sie sich vor, meine Firma lehnt aus internen Gründen zum Beispiel Firmenautos ab. Dann erhöht sich bei der Umrechnung aufs Gehalt Ihre Zahl, die im Raum steht, und mit der ich mich schon angefreundet hatte, nachträglich um einen saftigen Betrag – und auf einmal scheinen Sie mir ziemlich teuer!

Umgekehrt, wenn sich eine hohe Zahl beispielsweise durch den Abzug eines Dienstwagens reduziert, stellt sich bei mir das wunderbare Gefühl ein: Mit Ihnen mache ich ein Schnäppchen!

**HÜRDE** »Ich gehe mit dem Ziel in die Gehaltsverhandlung, mein Monatsgehalt deutlich zu verbessern!«
**SPRUNG** Sprechen Sie immer von der Jahresvergütung! Nur wenn sie sich erhöht, verdienen Sie wirklich mehr.

## Dichtung und Wahrheit: Ihr altes Gehalt

»Schwindeln Sie bloß nicht bei Ihrem jetzigen Gehalt; der neue Chef kommt garantiert dahinter!« So und ähnlich reden Ihnen die meisten Ratgeber ins Gewissen – aber stimmt das tatsächlich? Schön wär's! In Wirklichkeit kann ich als neuer Chef Ihr altes Gehalt kaum überprüfen.

Zwar bekomme ich Ihre alte Lohnsteuerkarte in die Hand (wenn Sie nicht gerade zum Januar wechseln). Aber aus der geht meist nur Ihr Grundgehalt hervor, die Summe Ihres monatlichen Verdienstes. Andere Teile der Gesamtvergütung wie Gratifikation und Prämie fehlen, weil sie meist erst zum Jahresende gezahlt werden. Auch Firmenwagen, Direktversicherung usw. sind für mich nicht ersichtlich (siehe Seite 52, »Was der Chef lieber rausrückt als Gehalt«).

Woher soll ich also wissen, ob nicht im November oder Dezember eine Zusatzzahlung Ihre Jahresvergütung um zehn oder 15 Prozent erhöht hätte? Zumal Sie im Vorstellungsgespräch nur über Ihre Gesamtvergütung sprechen, nicht über das für mich kontrollierbare Grundgehalt.

So bleibt Ihnen ein Spielraum, was die Höhe Ihres alten Gehalts betrifft. Zumal die Frage nach dem alten Einkommen nur eingeschränkt zulässig ist. Nach einem Urteil des Bundesarbeitsgerichts müssen Sie nur dann die Wahrheit sagen, wenn Ihre bisherige Position vergleichbare Kenntnisse und Fähigkeiten wie die angestrebte Aufgabe erfordert hat.

Dieser Richterspruch kann sich zum Beispiel zu Ihren Gunsten auswirken, wenn Sie durch den Stellenwechsel einen Karrieresprung hinlegen, in ein neues Aufgabengebiet schnuppern oder sich in einer anderen Branche betätigen. Mögliche Fälle:

*Karrieresprung:* Sie sind Reisekaufmann, haben stets Kunden beraten und übernehmen jetzt die Personalverantwortung für ein Reisebüro. Sie betreuen keine Kunden mehr, sondern führen Mitarbeiter.

*Anderer Aufgabenschwerpunkt:* Als Informatiker haben Sie für Ihre letzte Firma Programme entwickelt. Durch einen Stellenwechsel könnten Sie nun im Vertrieb tätig werden und Software verkaufen.

*Neue Branche:* Sie sind Betriebswirt, waren bislang mit Bilanzbuchhaltung betraut und wollen nun als Börsenredakteur bei einer Wirtschaftszeitschrift anheuern.

200

In allen drei Fällen erfordern die neuen Tätigkeiten eindeutig andere Kenntnisse und Fähigkeiten als die letzte Arbeit. Die Konsequenz ist ärgerlich für mich, aber erfreulich für Sie: Ich kann Ihren Vertrag nicht wegen »arglistiger Täuschung« kündigen, auch wenn ich nachträglich feststelle, dass Sie Ihr altes Jahresgehalt im Vorstellungsgespräch nach oben geschwindelt haben.

Außerdem lege *ich* meine Worte im Vorstellungsgespräch auch nicht auf die Goldwaage. Wenn Sie mich zum Beispiel fragen, ob Überstunden auch wirklich die Ausnahme sind oder warum Ihr Vorgänger gekündigt hat, so ziele ich mit der Antwort auf meinen Vorteil – und oft an der Wahrheit vorbei!

Und doch wäre es dumm von Ihnen, Ihr Gehalt um Unsummen nach oben zu lügen. Wenn ich Ihnen glaube, sind Sie mir zu teuer; und wenn nicht, dann zu verlogen! Für ganz große Gehaltssprünge halten Sie Ihr altes Gehalt besser geheim (siehe »Streng geheim: Was Sie im Moment verdienen«, Seite 217).

Aber eine kleine »Gehaltserhöhung«, sagen wir bis zehn Prozent, könnte Ihnen nützen. Zum Beispiel, falls Sie schlecht verdienen, gerade Tarif oder weniger. Ihr Minigehalt würde mich zum Grübeln bringen – warum zahlt Ihr jetziger Arbeitgeber nicht mehr?

Außerdem laufen Sie Gefahr, dass Ihre Forderung auf Basis des alten Gehalts weit unter meinem Etat für die Stelle liegt. Ihr Gehalt um 30, 40 Prozent erhöhen? Ausgeschlossen! Und nur einen Teil des Etats ausschöpfen? Gefährlich, weil der Controller den Rest dann gern streicht. Folglich werde ich einen teureren Bewerber vorziehen.

Ein heimlicher Gehaltssprung von zehn Prozent, ein offener

von 15 Prozent – das sind zusammen rund 27 Prozent! So kommen Sie auf eine Gehaltsforderung, die sich nicht zu verstecken braucht.

Schießen Sie aber nicht über das Ziel hinaus: Ein hohes Ausgangsgehalt ist für mich ein positives Signal – ein überhöhtes schreckt ab! Finden Sie im Vorfeld heraus, was Ihre Leistung auf dem Markt wert ist (siehe »Bekommen Sie, was Sie verdienen?«, Seite 42).

Auf dreierlei sollten Sie achten, falls Sie sich, vorsichtig gesagt, an den Rand der Wahrheit wagen:

- Geben Sie nur Gehaltsbestandteile an, die in Ihrer Branche und auch hinsichtlich der Höhe nicht völlig unüblich sind. So wird ein Zimmermädchen, das 3000 Euro Prämie aufs Gehalt schlägt, mit Sicherheit mein Misstrauen wecken. Dagegen nehme ich einer Chefsekretärin dieselbe Münze ab.
- Achten Sie darauf, dass zwischen Ihrer alten und meiner Firma nicht ein Personalwechsel wie im Taubenschlag herrscht. Sonst kenne ich Ihre alte Gehaltsstruktur vielleicht besser als Sie – und weiß sofort, was sein kann und was nicht.
- Überzeugen Sie mich durch offene Körpersprache und selbstbewusstes Auftreten. Wenn Sie rot anlaufen, ins Stottern geraten oder auf Nachfrage ein paar Zahlen verwechseln, habe ich Sie schnell durchschaut.

Eine Befürchtung, die viele Ratgeber schüren, kann ich Ihnen aber ausreden: Ich könnte, so heißt es, einfach zum Hörer greifen und meinen Chefkollegen in Ihrer jetzigen Firma anrufen.

Stellen Sie sich dieses Gespräch vor: »Hallo, Herr Kollege, hören Sie! Ich werbe gerade einen guten Mitarbeiter von Ihnen ab.

Zu teuer soll er aber nicht sein, sonst dürfen Sie ihn behalten. Darum meine Nachfrage ...« So würde ich meinen Ruf in der Branche gründlich ruinieren – lieber zahle ich Ihnen ein paar Euro mehr!

**HÜRDE** »Bei meinem jetzigen Jahresgehalt kann ich nicht schummeln; der neue Chef kriegt ja meine alte Lohnsteuerkarte.«

**SPRUNG** Der neue Chef kann der Steuerkarte zwar Ihr Grundgehalt entnehmen – aber nicht, ob Sie am Jahresende noch Zahlungen wie Prämie oder Gratifikation bekommen hätten.

## Bieten Sie dem Chef, was er sucht

Meine Stellenausschreibung ist ein Hilferuf. Ich habe ein Problem, für das ich eine Lösung suche, ein Loch in meiner Personaldecke, das ich stopfen muss.

Im Bewerbungsgespräch sollten Sie sich, etwas übertrieben gesagt, als mein Retter darstellen. Ich muss den Eindruck gewinnen, niemand löst mein Problem so gut und so zuverlässig wie Sie. Eben weil Sie perfekt zur Aufgabe passen. Und umgekehrt.

Aber nur, wenn Sie exakt verstehen, woran es mir fehlt, können Sie im Bewerbungsgespräch die gefragten Qualitäten hervorheben – und ein hohes Gehalt aushandeln:

- Analysieren und erkennen Sie mein Problem so genau wie möglich.
- Arbeiten Sie heraus, welche Qualitäten Sie zur Lösung des Problems mitbringen.

Aber was ist mein Problem, und welche Qualitäten erwarte ich von Ihnen? In drei Schritten gehen Sie der Sache auf den Grund:

*Schritt 1:* Hören Sie aus der Stellenanzeige die Gewichtungen heraus. Welche Fähigkeiten und Qualifikationen sind als Voraussetzung, welche lediglich als »wünschenswert« oder »von Vorteil« beschrieben? Gewichten Sie Ihre Verkaufsargumente nach meinen Bedürfnissen – erst die Pflicht, dann die Kür!

*Schritt 2:* Finden Sie die Marschrichtung des Unternehmens heraus und ziehen Sie daraus Schlüsse auf die angestrebte Stelle. Nutzen Sie Broschüren, das Internet und die Infos von Freunden und Bekannten, die dort arbeiten oder Kunde sind. Wenn Sie erfahren, dass mein Unternehmen nach Paris expandiert, können Sie garantiert mit Ihren Französischkenntnissen punkten (obwohl in der Anzeige vielleicht nur von »guten Fremdsprachenkenntnissen« orakelt wurde).

*Schritt 3:* Rufen Sie in der Firma an und bestätigen Sie meiner Sekretärin den Termin zum Vorstellungsgespräch. Fragen Sie nach einer schriftlichen Aufgabenbeschreibung. Wenn keine vorliegt, bitten Sie die Sekretärin um ihre Einschätzung. Sie kennt meine Wünsche perfekt und wird Ihnen nicht selten kostbare Stichwörter für Ihren Auftritt soufflieren.

Nun, da Sie ein klares Bild von der Aufgabe haben, blicken Sie in den Spiegel: Was bringen Sie aus Ihrem Berufsleben und durch Ihre Persönlichkeit mit, um meine Probleme zu lösen? Welche ähnlichen Schwierigkeiten haben Sie bislang bewältigt? Wo sehen Sie Parallelen?

Prüfen Sie:
- Ihre Leistungen,
- Ihre Erfahrungen,
- Ihre Qualifikationen,
- Ihre Persönlichkeit.

Beachten Sie: Ihre Verdienste von gestern beeindrucken mich wirklich nur dann, wenn ich daraus auf *Fähigkeiten* schließen kann, die Sie zur Lösung meiner Probleme von heute prädestinieren. Im Bewerbungsgespräch bewegen Sie sich auf einem schmalen Grat: Jede Ihrer Qualitäten kann auch gegen Sie sprechen. Alles hängt davon ab, dass Ihr Angebot exakt meine Nachfrage trifft:

## Leistungen

**TREFFER** Wenn ich einen »Einkäufer mit Verhandlungsgeschick und Preisbewusstsein« suche, dann ist jedes Prozent, das Sie Ihrem alten Chef gespart haben, auch für mich ein Einstellungsgrund. (Prüfen Sie vor dem Bewerbungsgespräch alle Ihre »Trumpf-Argumente« aus dem alten Betrieb, siehe Seite 101).

*Eigentor:* Halte ich dagegen Ausschau nach einem »kommunikations- und führungsstarken Leiter der Einkaufsabteilung«, sind die Prozente nicht das beste Argument: Der Feilscher ist noch lange kein Führer! Fachleute stehen bei mir in dem Ruf, dass sie ihr geliebtes Alltagsgeschäft auch in Führungspositionen nicht loslassen – und der beste Soldat ist mir nicht das Gehalt eines Generals wert!

### Erfahrungen

TREFFER Wenn Sie laut Anzeige »Pionierarbeit beim Aufbau der Abteilung« leisten sollen und in Ihrer alten Firma gerade Geburtshelfer bei einem Großprojekt waren, dann sehe ich diese Erfahrung als großes Plus für Sie.

*Eigentor:* Wäre ich dagegen auf der Suche nach einem Mitarbeiter, »der die erfolgreiche Arbeit des bisherigen Stelleninhabers fortführt«, käme Ihre Selbstdarstellung als »Pionier« schlecht bei mir an: Wer weiß, ob Sie nicht mehr umkrempeln, als mir lieb ist!

### Qualifikationen

TREFFER Wenn ich von Ihnen fürs Geschäft mit dem europäischen Ausland »umfassende Fremdsprachenkenntnisse« erwarte, werden Sie mich beeindrucken, falls Sie durch Studium oder Weiterbildung fließend Englisch, Französisch, Spanisch und Russisch sprechen.

*Eigentor:* Suche ich dagegen einen Mitarbeiter für mein national operierendes Unternehmen (und von Sprachen ist nicht die Rede), schreckt mich Ihr Fremdsprachentalent eher ab: Ich halte Sie für überqualifiziert und fehl am (Arbeits-)Platz. Früher oder später, befürchte ich, werden Sie sich einen Job suchen, bei dem Ihr Sprachtrumpf sticht.

### Persönlichkeit

TREFFER Brauche ich für meine Werbeagentur »einen kreativen, eigenwilligen Kopf, der unkonventionelle Wege geht«, dann können Sie Ihre Neigung zum Grübeln, Ihren Ruf als introvertierter Intellektueller als Vorteil in die Waagschale werfen.

*Eigentor:* Wären dagegen »Entscheidungsfreude und Team-fähigkeit« gefragt, könnten Sie bei mir als in sich gekehrter Grübler keinen Blumentopf gewinnen. Dann müssten Sie im Bewerbungsgespräch Ihre kommunikativen Fähigkeiten unter-streichen – nicht nur durch abstraktes Erzählen davon, sondern auch durch Ihren Gesprächsstil mir gegenüber.

Je besser Sie zur Stelle passen, je weiter Sie Ihrer Konkurrenz voraus sind, desto fester sitzen Sie später bei der Gehaltsver-handlung im Sattel.

**HÜRDE** »Den Chef interessiert alles, was ich kann. Also breite ich die gesamte Palette meiner Qualitäten vor ihm aus.«
**SPRUNG** Ihr Angebot muss perfekt auf die individuelle Nach-frage abgestimmt sein. Heben Sie nur Qualitäten hervor, die Sie tatsächlich zur Bewältigung der neuen Aufgabe befähigen.

## Von der Kunst, zwei Chefs zu überzeugen

Bevor Sie an den Start des Bewerbungsgesprächs gehen, müssen Sie unbedingt klären, über welche Distanz es geht und wer ne-ben Ihnen teilnimmt.

Von der geplanten Dauer hängt Ihre Gesprächsstrategie ab: Erreichen Sie Ihr Gehaltsziel eher im Sprint- oder im Mara-thontempo? In einem 30-Minuten-Gespräch brauchen Sie ei-nen schnellen Antritt, um Ihre besten Verkaufsargumente anzu-bringen, in einem 120-Minuten-Gespräch langen Atem, damit sie Ihnen nicht ausgehen.

Der gängigste Fehler: Kostbare Werbeminuten werden für

Smalltalk verschwendet. Es freut mich zwar, wenn wir uns beide für Jogging oder Bruce Springsteen begeistern. Aber wehe, das Gespräch ist vorbei, ehe Ihre besten Verkaufsargumente auf dem Tisch liegen! Dann hatte ich 45 nette Minuten, aber Sie haben keinen neuen Job.

Oft sitzen mehrere Entscheider am Tisch, zum Beispiel ich als Abteilungsleiter und der Personalchef. Wer bekleidet welche Funktion? Die Erwartungen an Sie sind verschieden, jeder will auf einem anderen Ohr angesprochen werden.

Als Abteilungsleiter zählt für mich besonders:
- Was können Sie fachlich?
- Welche praktischen Erfahrungen bringen Sie mit?
- Können Sie sich durchsetzen?
- Wie ist die Chemie zwischen uns?

Der Personalchef dagegen beurteilt Sie eher nach formalen und sozialen Aspekten:
- Was hat Sie zu der Bewerbung motiviert?
- Führt Ihr Lebenslauf schlüssig zur angestrebten Position?
- Wie steht es mit Ihrer sozialen Kompetenz?
- Was verraten Ihre Körpersprache und Ihr Äußeres?

Nun müssen Sie das Geschick eines Architekten entwickeln, der zwei Bauherren, Mann und Frau, von seinem Entwurf überzeugen will. Der Frau, einer begeisterten Köchin, wird er vor allem die Vorteile der Küche verkaufen. Dem Mann, einem begeisterten Bastler, macht er den Hobbyraum schmackhaft. Nur wenn er beide überzeugt, bekommt er grünes Licht.

Vernachlässigen Sie also keinen am Tisch, weder mit Blicken noch mit Worten. Meine Ohren öffnen Sie mit Fachsprache, während der Personalchef dann kein Wort versteht – es aber als Zeichen sozialer Kompetenz wertet, wenn Sie ihm im nächsten Zug die Übersetzung liefern.

Alle Punktrichter auf Ihrer Seite: Das bedeutet für Sie nicht nur Bestnoten, sondern auch ein Bestgehalt!

**HÜRDE** »Ich bemühe mich, meinen neuen Chef im Bewerbungsgespräch zu beeindrucken. Die anderen Gesprächsteilnehmer sind mir nicht so wichtig.«

**SPRUNG** Nur wenn Sie alle Teilnehmer gezielt ansprechen, vor allem auch den Personalchef, ist der Weg zum Spitzengehalt frei.

## Erreichen Sie die zweite Halbzeit!

Mit der Einladung zum Vorstellungsgespräch haben Sie den Fuß in der Tür. Ihre Bewerbungsunterlagen sind gut angekommen, und jetzt haben Sie die Chance, sich Ihrem Gehaltsziel einen weiteren Schritt zu nähern.

Aber denken Sie immer daran: Sie befinden sich in der ersten Halbzeit. Das Spiel wird aber in der zweiten, sprich dem Zweitgespräch, entschieden. Vorausgesetzt, Sie fliegen vorher nicht vom Platz!

Tun Sie alles, um die zweite Halbzeit zu erreichen! Heben Sie hervor, was Sie zu bieten haben. Und stellen Sie zurück, was Sie fordern. Eine saftige Gehaltsvorstellung oder Sonderwünsche können Ihnen den Weg ins Zweitgespräch verbauen.

Dieses defensive Vorgehen hat taktische und praktische Gründe: Mir als Chef fehlt oft die Zeit, um die vielen, vielen Erstgespräche selbst zu führen. Daher übertrage ich diese Aufgabe an Mitarbeiter und gebe ihnen eine Schablone vor, in die Sie als Bewerber passen sollen. Aber während ich die Macht habe, diese Schablone zu dehnen, halten sich meine Bevollmächtigten stur daran.

Das bedeutet: Auch wenn Sie zu der ausgeschriebenen Stelle wie Neptun ins Meer passen – eine Forderung von 500 Euro über dem Budget kann dazu führen, dass ich weder Ihre Unterlagen noch Sie jemals zu Gesicht bekomme.

Doch mit diplomatischem Geschick sichern Sie sich die Einladung zum Zweitgespräch. Aus ihr können Sie schließen: Ihre Leistung wird als kostbar betrachtet, Ihre Persönlichkeit als Gewinn für das Unternehmen gesehen (sonst hätte man Sie schon längst des Bewerberfelds verwiesen!). Die Zahl der Bewerber ist geschmolzen, Ihre Position dadurch gestärkt.

Und nun sitze ich, der Hauptentscheider, in jedem Fall mit am Tisch. Jetzt werden Nägel mit Köpfen gemacht, jetzt wird das Spiel entschieden. Ihre Chancen stehen gut, auch wenn Sie mit der Gehaltsforderung ans Limit gehen:

- Im Erstgespräch haben Sie Details über die freie Stelle und über meine Bedürfnisse erfahren. Nun können Sie Ihre Fähigkeiten, Erfahrungen, Leistungen und Qualifikationen noch exakter auf meine Bedürfnisse abstimmen. Ich werde tatsächlich denken: Neptun kommt zum Meer!

- Falls ein Gesprächsführer aus der ersten Halbzeit am Tisch sitzt, wird er Ihr Fürsprecher sein: Natürlich will er mir beweisen, dass er eine gute Wahl getroffen hat!

- Ich, der Chef, stecke den finanziellen Rahmen selbst. Wenn ich Sie wirklich haben will, bekomme ich Sie auch. Der Preis ist dann Nebensache (obgleich für Sie vielleicht die schönste der Welt!).

**HÜRDE** »Im Erstgespräch spiele ich mit offenen Karten und teste, was an Vergütung und Sonderrechten für mich drin ist.«
**SPRUNG** Halten Sie sich mit Forderungen und Sonderwünschen so lange wie möglich zurück. Im Erstgespräch säen, im Zweitgespräch ernten!

## »Was bedeutet Ihnen Geld?«

Tappen Sie bloß nicht in meine Falle, wenn ich Sie in der ersten Phase unseres Gesprächs frage, was Ihnen Geld bedeutet! Der typische Bewerber würde jetzt beteuern: »Geld ist mir nicht so wichtig. Die Freude an der Arbeit, darauf kommt es an!«

Diese Argumentation klingt zwar nach Idealismus, wird Ihnen aber später, wenn wir das Gehalt verhandeln, wie ein Bumerang um die Ohren sausen. Da es Ihnen nur um die Freude an der Arbeit geht – warum geben Sie sich dann nicht mit einem Minigehalt zufrieden?

Mit geschlossenen Fragen kann ich Sie in die Enge treiben: »Sie haben selbst gesagt, Geld ist Ihnen nicht so wichtig. Stimmt das?« – »Ja.« – »Entscheidend ist für Sie die Aufgabe an sich. Und die Stelle halten Sie für sehr spannend. Stimmt das auch?« – »Ja.« – »Und nun gehe ich mit meinem Angebot noch ein Stück über Ihr altes Gehalt hinaus. Vor diesem Hintergrund wundert es mich, dass Sie jetzt Schwierigkeiten sehen. Können Sie das verstehen?« – »Ja.«

So stehen Sie mit dem Rücken an der Wand und müssen froh sein, wenn ich Ihnen überhaupt einen kleinen Gehaltssprung gönne.

Warum bekennen Sie nicht von Anfang an die Wahrheit? Warum sagen Sie nicht ganz unverblümt: »Geld ist wichtig für mich!« Niemand hat dafür mehr Verständnis als ich. Für mich zählt nur, was sich zählen lässt – nicht zuletzt deshalb bin ich Chef geworden!

Im Zweifelsfall stelle ich immer Menschen ein, die mir ähnlich sind, also harte Rechner – auch wenn sie ein paar Euro mehr kosten! Denn Idealisten, die sich von mir über den Tisch ziehen lassen, werden auch schnell von meinen Kunden und Geschäftspartnern über den Tisch gezogen. Und dann muss *ich* dafür bezahlen.

Eine gute Antwort auf meine Frage wäre: »Geld verdienen ist wichtig für mich. Zum einen tue ich alles, damit die Firma möglichst viel verdient. Zum anderen will ich im Gegenzug mit meinem Gehalt möglichst hoch beteiligt sein.«

Sofort verstehe ich, dass Sie unternehmerisch denken: Bevor Sie Ihren Anteil am Fell des Bären einfordern, tun Sie bei der Jagd auf ihn das Ihre! Vor diesem Hintergrund können Sie schlüssig und glaubwürdig für ein höheres Gehalt argumentieren.

Auch wenn ich Sie nach den Motiven für den Wechsel frage, dürfen Sie ruhig das Geld erwähnen, doch nicht an erster Stelle: »Mich reizt die Herausforderung in Ihrem Unternehmen. Und natürlich möchte ich auch mein Gehalt verbessern.« Verbinden Sie solche Sätze wirklich mit »und«, nicht mit »aber« – es ist kein Widerspruch, dass Sie Erfüllung und Geld wollen, es passt zusammen.

**HÜRDE** »Der neue Chef soll nicht denken, dass ich geldgierig bin. Also werde ich den Verdienst als Nebensache darstellen.« **SPRUNG** Bekennen Sie offen, dass Geld für Sie wichtig ist! Diese Einstellung gefällt den meisten Chefs, denn sie erkennen sich und das Streben ihrer Firma darin wieder.

## »Verhandeln Sie zurzeit auch mit anderen?«

Wie reagieren Sie auf meine Frage, ob Sie zurzeit auch noch mit anderen Firmen verhandeln? Bedenken Sie, was die Antwort bei mir auslöst. Ein »Nein« bedeutet:

- Sie sind auf mein Angebot angewiesen. (Ich kriege Sie also auch, wenn ich nicht so tief in die Tasche greife!)
- Andere Firmen interessieren sich offenbar nicht für Ihre Mitarbeit. (Ich gehe natürlich davon aus, Sie haben sich auch bei anderen beworben!)

Ein »Ja« bedeutet für mich:

- Sie sind begehrt – auch andere Firmen wollen Sie! (Wusste doch, dass ich wieder einmal den richtigen Riecher hatte!)
- Sie haben eventuell schon ein Gehaltsangebot in der Tasche, an dem Sie meines messen. (Also werde ich nicht knausern, sonst bin ich blamiert und chancenlos.)
- Falls Sie bei einer Konkurrenzfirma anheuern, kann mir dop-

pelter Schaden entstehen: Mein Mitbewerber wird stärker, ich aber kann meine offene Stelle nicht optimal besetzen. (Das kitzelt meinen Ehrgeiz: Die Konkurrenz unterschätzt mich wohl, na wartet!)

- Sie sind ein aktiver Mensch, der die Dinge in die Hand nimmt und nichts dem Zufall überlässt. (Ein Grund mehr, Sie als Mitarbeiter zu gewinnen!)

Die Nachfrage treibt den Preis nach oben. Manche Käuferhand greift schon deshalb zu, weil sie fürchtet, eine andere könnte schneller sein.

Im besten Fall sind Sie tatsächlich mit mehreren Firmen im Gespräch. Das gibt Ihnen Selbstbewusstsein, stärkt Ihre Position. Ich werde Ihnen anmerken, dass Sie wohl an meinem Angebot interessiert, nicht aber darauf angewiesen sind.

Vielleicht bohre ich nach: »Wo haben Sie sich denn noch beworben?« Widerstehen Sie der Versuchung, Namen und Gehaltsangebote zu nennen, auch wenn Sie es könnten. Sonst müsste ich an Ihrer Seriosität zweifeln: Wer garantiert mir, dass Sie Details aus unserem Gespräch nicht an den Tisch der Konkurrenz tragen?

Eine allgemeine Antwort kommt besser an, etwa: »Ich habe weitere Bewerbungen in der Branche laufen. Aber mein Interesse an Ihrem Unternehmen ist besonders groß!« Durch den letzten Satz beugen Sie der Gefahr vor, dass ich aus verletzter Eitelkeit denke: »Wenn er meint, es ist überall so gut wie bei uns – bitte!«

Das ideale Signal: Sie wissen meine Firma zu schätzen, aber es sind noch andere Bieter im Rennen. Vor diesem Hintergrund können Sie einen hohen Preis erzielen – auch für den Fall, dass ich nur gegen mich selbst biete.

**HÜRDE** »Ich bekenne im Bewerbungsgespräch, dass ich keine weiteren Verhandlungen führe. Das spricht für meine Loyalität.« **SPRUNG** Je mehr Arbeitgeber sich (scheinbar) um Sie bemühen, desto interessanter werden Sie – und desto höher steigt Ihr Preis!

## Der Eiertanz um die Höhe des Gehalts

Mein Eiertanz ums Gehalt beginnt mit der Stellenanzeige. Statt Klartext zu reden – etwa: »Jahresgehalt: 45 000 Euro« –, flüchte ich mich in nichts sagende Floskeln. Oder wissen Sie, was man sich von einem »branchenüblichen Gehalt« oder einer »leistungsgerechten Bezahlung« kaufen kann?

Doch so bedeckt ich mich mit eigenen Zahlen halte, so neugierig bin ich auf die Ihren: Nicht selten verlange ich schon in Ihrem Bewerbungsschreiben die »Angabe der Gehaltsvorstellung«.

Sie fragen sich, was dieses Spiel soll? Offen gesagt: Ich möchte Ihre Arbeitskraft so günstig wie möglich bekommen. Und warum soll ich Ihnen auf die Nase binden, dass ich auf einem Etat von 45 000 Euro sitze, wenn Sie den Job vielleicht für 35 000 Euro im Jahr machen?

Als kluger Kopf werden Sie Ihre Gehaltsvorstellung so lange wie möglich für sich behalten. Schon bei Ihrer Bewerbung können Sie mich mit meinen eigenen Waffen schlagen. Schreiben

Sie als Gehaltswunsch doch zurück: »Ich erwarte ein Gehalt, das meiner Qualifikation und der Position entspricht!«

Die beste Ware hat nun mal kein Preisschild. Sonst wäre der Blick aufs Wesentliche verstellt, nämlich die Qualität. Erst wenn sich der Interessent innerlich zum Kauf entschlossen hat, ist der Preis kein Hindernis mehr.

Natürlich werde ich Sie drängen, die Katze aus dem Sack zu lassen. Je früher, desto besser. Denn mit jedem Schritt, den Sie im Bewerbungsverfahren vorankommen, wird das Fundament für Ihre Forderung solider.

Aber wie schaffen Sie es, Ihre Gehaltsvorstellung so lange wie möglich unter der Hand zu halten? Schon in der ersten Gesprächsphase kann ich fragen: »Wie sieht eigentlich Ihre Gehaltsvorstellung aus?«

Sie haben mehrere Möglichkeiten, meinen Vorstoß abzuwehren:

**Der direkte Weg:** »Erst möchte ich Ihnen darlegen, was ich für Ihr Unternehmen leisten kann. Bevor ich einen Preis nenne, sollen Sie eine Grundlage für das Urteil haben, ob ich ihn wert bin.« (Geschickt! Sie verkaufen mir die Verzögerung als meinen eigenen Vorteil. Und diese Argumentation leuchtet auch noch ein.)

**Ablenkmanöver:** »Meine Gehaltsvorstellung ist ein wichtiger Punkt. Zunächst möchte ich noch einmal an meine Ausführung von gerade eben anknüpfen. Also, wie gesagt ...« (Sie greifen mein Anliegen zum Schein auf und leiten mit einem unverdächtigen Wort wie »zunächst« oder »und« auf Ihr Wunschthema über – nie mit »aber«, sonst werde ich hellhörig für den Widerspruch zwischen Frage und Antwort.)

**Taktisches Relativieren:** »Über das Gehalt werden wir uns schon einigen, da bin ich sicher. Wenn beide Parteien wollen, findet sich immer ein Weg. Aber eine andere Frage ist mir noch wichtig, und zwar …« (Sie erwecken den Eindruck, als sei das Gehalt kein Problem, und leiten zu einem anderen Thema über. So gewinnen Sie Zeit, um mich von Ihren Qualitäten und somit auch von Ihrem hohen Wert zu überzeugen.)

**Schwammige Antwort:** »Ich stelle mir ein Gehalt vor, das meiner Leistung gerecht wird, meiner Qualifikation und der Bedeutung der Position.« (Über diese Antwort darf ich mich eigentlich nicht beschweren; meine eigene Formulierung in der Anzeige klang verdächtig ähnlich.)

So schaffen Sie es, dass ich mich wieder auf das Produkt konzentriere, sprich Sie, und nicht auf das Preisschild, sprich Ihr Gehalt. Und später, wenn ich erst einmal zum Kauf entschlossen bin, wird mich der Preis nicht mehr abschrecken.

**HÜRDE** »Ich halte mit meiner Gehaltsforderung nicht hinterm Berg!«

**SPRUNG** Sie fahren meist besser, wenn Sie sich ein Angebot machen lassen. Vielleicht ist mehr drin, als Sie es sich vorstellen.

## Streng geheim: Was Sie im Moment verdienen

Die Frage klingt harmlos, doch sie hat es in sich: »Was verdienen Sie denn im Moment?« Wenn Sie jetzt antworten, steht eine Zahl im Raum, die ich zum Maß aller Dinge mache. Von

30 000 Euro werde ich Sie zwar auf 35 000 springen lassen, niemals aber auf 50 000.

Und das nur aus Prinzip! Vielleicht habe ich Ihrem Vorgänger für dieselbe Arbeit 50 000 Euro gezahlt. Vielleicht würde ich einem Mitbewerber, der bisher deutlich mehr als Sie verdient hat, denselben Betrag anbieten.

So bekämen Sie weniger Geld, als mir die Arbeitsleistung nachweislich wert ist. Das alte Gehalt hängt wie ein Klotz an Ihrem Bein und zieht Sie runter (es sei denn, Sie nehmen es mit der Summe nicht so genau). Dabei ist Ihr letzter Chef vielleicht ein notorischer Geizkragen, der Ihnen ein Drittel zu wenig zahlt – was Sie durch den Wechsel ausgleichen wollen, so aber nicht können.

»Ungerecht«, sagen Sie? Diese Meinung wird von vielen Arbeitsrechtlern geteilt. Die Frage nach dem alten Gehalt gilt in vielen Fällen als nicht statthaft. Ganz schlaue Kandidaten weisen mich auf diese Rechtslage hin und verweigern die Aussage. Doch jeder Wink mit Paragraphen, Urteilen, Tarifen und Gewerkschaften wirkt auf mich wie ein rotes Tuch! Und Quertreiber, die mich am Ende noch verklagen, hole ich mir nicht ins Haus!

Besser appellieren Sie mit Ihrer Antwort an meine Solidarität als Chef: »Ich bitte Sie um Ihr Verständnis: Ich habe meinem Chef zugesagt, dass ich mein Gehalt vertraulich behandle. Schriftlich zugesagt, sogar! An diese Vereinbarung fühle ich mich gebunden.«

So machen Sie die Not zur Tugend: Statt mich zu vergraulen, geben Sie mit der Antwort eine Kostprobe Ihrer Charakterstärke und Loyalität. Und genau so, wie Sie mich durch Lästern über Ihren alten Chef gegen sich aufbringen könnten, ziehen Sie mich durch diese Treue und Verbundenheit auf Ihre Seite. Wie Sie zu ihm sind, werden Sie auch zu mir sein!

Da ich Ihr altes Gehalt nicht erfahre, gibt es nur zwei Möglichkeiten: Entweder Sie nennen Ihre Vorstellung, diesmal nicht gefesselt ans alte Gehalt. Oder ich mache Ihnen ein Angebot, orientiert am Etat für die Stelle.

**HÜRDE** »Der neue Chef darf ruhig wissen, was ich im Moment verdiene. Dass ich mehr will, ist doch wohl klar!«
**SPRUNG** Behalten Sie Ihre jetzige Vergütung möglichst für sich. Dann ist Ihrem Gehaltssprung keine Grenze gesetzt (sonst sind maximal 20 Prozent drin).

## Die Viertelstunde der Wahrheit: Gehaltsverhandlung

Unser Gespräch steuert aufs letzte Viertel zu. Inzwischen haben Sie durch Ihre Verkaufsargumente ein solides Fundament gelegt. Die Chemie zwischen uns scheint zu stimmen. Vielleicht habe ich mich im Kopf schon für Sie entschieden, was ich oft unbewusst durch meine Formulierungen verrate. Zum Beispiel kann es passieren, dass ich den Konjunktiv aufgebe. Statt »Sie würden verantwortlich sein für …« (wie zu Beginn des Gesprächs), sage ich nun »Sie werden …« usw.

Noch liegt keine Gehaltszahl auf dem Tisch. Einer von uns muss Farbe bekennen. Ich werde Sie fragen, »wie sieht Ihre Gehaltsvorstellung aus«, aber in dieser Phase der Verhandlung dürfen Sie die Gegenfrage wagen: »Ich finde es zweckmäßiger, dass wir von der Gesamtvergütung sprechen – was ist denn für diese Stelle vorgesehen?«

Spitzen Sie die Ohren, falls ich die Frage beantworte (oder von mir aus aufs Thema komme) – je besser Sie meine Worte deuten, desto besser können Sie einschätzen, wie groß der Spielraum für die Verhandlung ist:

- »Der Etat liegt bei 35 000 bis 40 000 Euro!« (Mit anderen Worten: Ich gebe Ihnen mindestens 40 000, wenn Sie gut verhandeln. Die 35 stelle ich nur aus psychologischen Gründen daneben; in ihrer Nachbarschaft steht die 40 wie ein Gipfel!)

- »Ich biete Ihnen 35 000 Euro, wenn Sie einverstanden sind.« (Und wenn nicht, werten Sie meine Formulierung als offizielle Einladung, jetzt zu verhandeln!)

- »Ich kann Ihnen 3000 Euro im Monat bieten.« (Lassen Sie sich nicht auf ein Schattenboxen um die 3000 ein. Lenken Sie das Gespräch auf die Gesamtvergütung – darauf kommt es an!)

- »Wir können eine Jahresvergütung von 35 000 Euro zahlen.« (Die Klarheit der Aussage und meine Flucht in die Wir-Form sollen signalisieren, dass ich diesen Betrag nicht verhandeln möchte. Das kann taktische Gründe haben. Sonst können Sie immer noch Sonderleistungen außerhalb des Gehalts, zum Beispiel einen Dienstwagen, in die Diskussion bringen.)

- »Das Jahresgehalt liegt bei 35 000 Euro.« (Ich spreche ausdrücklich nur vom Gehalt, nicht aber von der Gesamtvergütung. Sie können in den freien Raum für Prämie, Gratifikation, Provision usw. stoßen.)

Und im umgekehrten Fall? Was antworten Sie, wenn ich den ersten Schritt doch Ihnen aufzwinge? Die Kunst besteht darin rauszuholen, was im Etat drin ist, aber den Bogen nicht zu überspannen; sonst hilft auch kein Rückzieher mehr, weil ich an Ihrer Motivation zweifle, wenn mein Gehalt (scheinbar) weit unter Ihrer Vorstellung liegt.

Sie müssen meinen Etat also einschätzen können. Die branchenüblichen Gehälter haben Sie recherchiert, die Zahlungskraft meines Unternehmens berücksichtigt und aus den Informationen über einen eventuellen Vorgänger Ihre Schlüsse gezogen (je angesehener, qualifizierter und berufserfahrener er war, desto höher dürfte die Stelle dotiert sein).

Setzen Sie sich, wie in der Gehaltsverhandlung im alten Betrieb, drei Ziele: ein Maximalziel, ein Minimalziel und ein Alternativziel. Ihre Forderung siedeln Sie, je nach Einschätzung der Lage, direkt beim Maximalziel oder zwischen Minimal- und Maximalziel an.

Nun hängt vieles davon ab, wie Sie Ihre Gehaltsvorstellung formulieren:

- »Ich erwarte eine Jahresvergütung von 40 000 Euro.« (Das klingt entschlossen. Vielleicht kann ich Sie noch ein bisschen runterhandeln; aber nicht mehr viel.)
- »Ich stelle mir 35 000 bis 40 000 Euro vor.« (Aha! Sie würden's also auch für 35 000 machen – oder für noch weniger, denn Sie stellen es sich ja nur vor. Warum bieten Sie mir 5000 Euro als Geschenk an?)
- »Ich wäre sehr zufrieden, wenn ich 35 000 Euro bekommen könnte.« (Sie »wären«, wenn Sie »könnten«! Durch diese schwammige Formulierung weiß ich: Sie sind froh, wenn Sie

den Job überhaupt bekommen – und werden jede Vergütung schlucken.)

- »Ab einer Gesamtvergütung von 40 000 Euro kommt es für mich infrage, die Stelle anzunehmen!« (Oha! Da sind wohl noch andere Arbeitgeber im Rennen. Das »ab« signalisiert mir Ihre Ambition nach oben. Am besten biete ich gleich etwas mehr! Gut, dass Ihr Tonfall sachlich war, nicht arrogant – sonst schösse die Äußerung am Ziel vorbei.)

- »Ein Gehalt von 35 000 Euro ist meine Mindestvorstellung. Dann müssen wir aber noch über weitere Vergütungsbestandteile sprechen.« (Diese Forderung klingt entschlossen, lässt mir und Ihnen aber Raum für Alternativen wie Prämie usw., ohne dass einer von uns sein Gesicht verliert.)

**HÜRDE** »Der Arbeitgeber soll merken, dass ich beim Gehalt flexibel bin. Also werde ich zwischen 35 000 und 45 000 Euro fordern.«

**SPRUNG** Nennen Sie besser eine Summe als eine Spanne! Von zwei Zahlen hört der neue Chef oft nur die niedrige. Außerdem legen Sie Ihren Verhandlungsspielraum offen.

## Schriftliches Angebot: Gong zur dritten Runde

Vielleicht habe ich Ihre Gehaltsvorstellung im zweiten Bewerbungsgespräch zur Kenntnis genommen, ohne eine Miene zu verziehen. Vielleicht standen auch zwei Zahlen im Raum, die höhere von Ihnen, die niedrigere von mir. Zum Abschied habe ich Ihnen eine schriftliche Nachricht versprochen.

Zu Hause sitzen Sie auf heißen Kohlen: Bekommen Sie den Job? Oder bekommen Sie ihn nicht? Immerhin habe ich betont, dass noch andere Bewerber im Rennen sind und ich die Entscheidung gründlich überdenken möchte.

Dann flattert Ihnen mein Brief ins Haus. Sie atmen auf, schwenken mein schriftliches Angebot wie eine Siegesflagge. Vor lauter Freude stören Sie sich kaum daran, dass mein Angebot deutlich unter Ihrer eigentlichen Gehaltsvorstellung liegt.

Weil ich Sie aus taktischen Gründen lange im Unklaren gelassen habe, ob Sie den Job überhaupt erhalten, hat sich Ihre Konzentration immer mehr vom Gehalt auf die Anstellung an sich verschoben. Und nun ist alles gelaufen. Oder?

Eben nicht! Mein schriftliches Angebot wird oft als »letztes Wort« missverstanden; dabei ist es der Gong zur dritten Verhandlungsrunde.

Wenn Sie damit zufrieden sind, nehmen Sie das Angebot an. Aber wenn nicht, lehnen Sie es nie ab! In diesem Fall verhandeln Sie nach – Sie können dabei nur gewinnen.

Bedenken Sie, wie stark Ihre Position jetzt ist. Von 20, 50 oder gar 100 Bewerbern sind Sie meine allererste Wahl! Ich werde tun, was mir möglich ist, um Sie zur Unterschrift zu bewegen. Nötigenfalls lege ich bei meinem Angebot nach.

Aber bleiben Sie fair! Wenn wir ein Jahresgehalt von 40 000 Euro besprochen haben, und Sie wollen plötzlich 50 000, dann werte ich Ihre Forderung als charakterliche Bankrotterklärung und lehne dankend ab.

Wenn Sie aber 50 000 Euro wollten, ich jedoch nur 47 000 biete, dann wird mich Ihr Nachhaken nicht überraschen. Zum

Beispiel könnten Sie anrufen und sagen: »Vielen Dank für Ihr Angebot. Ich bin wirklich sehr daran interessiert, für Ihre Firma zu arbeiten. Und über die Vergütung müssen wir noch einmal sprechen.«

Doch erwarten Sie bei einem dritten Gespräch nicht, dass ich nun von meiner Zahl auf Ihre umschwenke! Das verbietet mir oft mein Stolz (auch wenn ich behaupte, es sei der Etat!). Am besten machen Sie Vorschläge, die bislang noch nicht auf dem Tisch lagen (siehe auch »Was der Chef lieber rausrückt als Gehalt«, Seite 52, und »Drei Ziele stecken, eine Summe fordern«, Seite 153).

Wenn Sie beispielsweise einen Zuschuss für Ihre Fahrtkosten fordern, muss ich mich nicht von meiner Zahl wegbewegen, kann Ihnen aber doch um den gewünschten Betrag entgegenkommen. Von einer solchen Lösung können wir beide profitieren – Sie bekommen Ihr Geld, ich wahre mein Gesicht und bekomme den Bewerber meiner Wünsche!

Oder hätten Sie gern zwei oder drei zusätzliche Urlaubstage pro Jahr? Oder einen Zuschuss für Ihr privates Telefon (von dem Sie auch mal dienstlich telefonieren), für Ihren Sportverein (wo Sie sich für die Firma fit halten) oder für den Kindergarten (wo Sie Ihre Kleinen bei der Arbeit wohl versorgt wissen)? Solche Vorschläge sind mir schon deshalb willkommen, weil ich damit dem Finanzamt ein Schnippchen schlage (siehe »Der Chef spendiert, das Finanzamt verliert«, Seite 58).

Eine weitere Diplomatenlösung: Für die Probezeit akzeptieren Sie das von mir vorgeschlagene Gehalt, danach wird der Betrag auf Ihre Forderung erhöht. Lassen Sie sich diese Zusage aber unbedingt schriftlich und unter Nennung des Betrags geben! Denn manchmal »entfallen« mir solche Versprechungen, sobald die Tinte Ihrer Vertragsunterschrift getrocknet ist.

In jedem Fall, auch wenn Sie nicht nachverhandeln, steigert mein schriftliches Angebot Ihren Marktwert. Wenn Sie sich bei weiteren Firmen beworben haben, die noch unentschlossen sind, sollten Sie jetzt mit dem Zaunpfahl winken.

Rufen Sie kurz an und teilen Sie mit, dass Sie nach wie vor interessiert sind, jetzt aber eine schnelle Entscheidung brauchen, da Ihnen ein schriftliches Angebot vorliegt. Ein solcher Anruf kann Wunder wirken! Eine Entscheidung, auf die Sie seit Wochen warten, kommt in Minuten. Und eine Gehaltshürde, die als unüberspringbar galt, ist im Nu genommen.

Die Tatsache, dass Sie ein anderes Angebot haben, macht meine Chefkollegen gierig! Sie wägen sich auf heißer Fährte und sehen nur noch die Chance, Ihre Mitarbeit durch den Schnellschuss eines verlockenden Angebots zu sichern. Im günstigsten Fall bekommen Sie mehrere Offerten gleichzeitig, zwischen denen Sie wählen können!

**HÜRDE** »Das schriftliche Angebot ist das letzte Wort. Ich kann nur annehmen oder ablehnen!«

**SPRUNG** Wenn das schriftliche Angebot Ihre Erwartungen nicht erfüllt, sollten Sie nachverhandeln. Sie können dabei nur gewinnen!

## Eine Verhandlung – zwei Gewinner

Was habe ich davon, wenn es mir gelingt, Sie für einen Hungerlohn einzustellen? Dann treten Sie Ihren Job ohne Motivation, dafür mit Wut im Bauch an. Statt sich Ihrer neuen Aufgabe zu widmen, werden Sie schon nach ein paar Wochen wieder in den Stelleninseraten blättern.

Was haben Sie davon, wenn es Ihnen gelingt, mir ein Wuchergehalt aus den Rippen zu leiern? Dann sind meine Erwartungen an Ihre Arbeit so hoch, dass Sie vor dieser Messlatte wie ein Zwerg stehen. Statt Sie bei Schwierigkeiten zu unterstützen, stelle ich mich gegen Sie und sehe mich nach günstigeren Bewerbern um.

Für Sie ist es ein Makel im Lebenslauf, wenn Sie nach ein paar Monaten in die nächste Firma hüpfen. Für mich ist es ein Riesenaufwand, wenn ich direkt nach einem Bewerbungsverfahren erneut suchen muss. Viele Bewerber sind durch meine Absage vergrault, andere haben gerade neue Jobs angetreten. Und bei einer zweiten Ausschreibung meldet sich oft nur noch die zweite Wahl.

Sie und ich, wir haben also dasselbe Interesse: nämlich eine Vergütung zu vereinbaren, mit der wir beide auf mittlere Sicht zufrieden sind. Ich muss denken, Sie sind mir das Geld wert (vielleicht hätte ich sogar ein wenig mehr gezahlt!). Und Sie müssen denken, dieses Geld motiviert Sie gut für die Arbeit (vielleicht hätten Sie den Job sogar für ein bisschen weniger gemacht!).

Je besser Sie Ihr Angebot auf meine Bedürfnisse abgestimmt haben, desto überzeugter werde ich sein, dass Sie Ihr Geld wert sind. Abends, nachdem ich Sie eingestellt habe, sinke ich zufrieden ins Bett: Immerhin ist es mir gelungen, von all den Bewerbern den in meinen Augen besten an Land zu ziehen!

Bei einer tragfähigen Gehaltsverhandlung gibt es also nicht einen Sieger und einen Verlierer. Es gibt nicht meinen Vorteil hier und Ihren Vorteil dort. Es gibt nur *unseren* Vorteil – und damit zwei Gewinner!

Auf dieser Basis wird zwischen uns eine fruchtbare Zusammenarbeit wachsen. Ab dem ersten Arbeitstag können Sie unter meinen wohlwollenden Blicken die Saat für eine Gehaltserhöhung streuen. Die Zeit der Ernte wird nach zwölf bis 18 Monaten gekommen sein.

Wenn Sie Ihr Gehalt bei der Bewerbung um 20 Prozent, ein gutes Jahr später noch mal um zehn Prozent steigern – dann ergibt das stolze 32 Prozent! Also fast ein Drittel mehr, als Sie im Moment verdienen.

Packen Sie's an – es lohnt sich!

**HÜRDE** »Die Verhandlung ist gut gelaufen, wenn ich als Gewinner aus ihr hervorgehe!«

**SPRUNG** Damit ein Abschluss tragfähig ist, muss es zwei Gewinner geben: Sie *und* den Chef!

## Persönliches Gehaltsthermometer:
## Pokern Sie geschickt im Bewerbungsgespräch?

Wird es Ihnen gelingen, sich im Bewerbungsgespräch gut zu verkaufen? Die Antwort gibt Ihnen das persönliche Gehaltsthermometer. Kreuzen Sie wieder an, was am ehesten zutrifft.

### 1. Der neue Chef bietet Ihnen »150 Euro mehr im Monat«. Wie reagieren Sie?

a) Ich rechne nach, um wie viel Prozent sich mein Gehalt erhöht. Bei einem Stellenwechsel sollten es 15 bis 20 Prozent sein.

b) Ich freue mich und nehme an.

c) Ich frage nach der Gesamtvergütung. Nur wenn hier eine Steigerung von 15 bis 20 Prozent vorliegt, wird sich der Wechsel für mich lohnen.

### 2. Können Sie bei der Angabe Ihres alten Einkommens schummeln?

a) Ja, fast unbegrenzt, denn der Chef weiß nicht, ob ich am Jahresende noch eine hohe Provision, Gratifikation usw. bekommen hätte.

b) Keine Chance – der neue Chef bekommt schließlich meine alte Lohnsteuerkarte.

c) Ja, wie in »a« gesagt. Aber ich achte darauf, dass mich meine Vergütung nicht zu teuer oder als Hochstapler erscheinen lässt.

### 3. Wie überzeugen Sie im Gespräch den Personalchef und den Abteilungsleiter?

a) Beide wollen dasselbe von mir hören: Reicht meine Qualifikation aus, um den neuen Job wirklich gut zu machen?

b) Es kommt, wie der Name schon sagt, auf den Personalchef an. Wenn ihn mein Werdegang begeistert, überredet er den Abteilungsleiter.

c) Der Personalchef achtet vor allem auf den Lebenslauf und soziale Kompetenz, der Abteilungsleiter auf fachliche Qualitäten. Beide wollen hören, ob ich zur Stelle und ins Team passe.

### 4. Mit welcher Taktik gehen Sie ins erste Vorstellungsgespräch?

a) Ich sage gleich, was ich leiste, aber auch, was der Preis dafür ist.

b) Ich lasse keine Missverständnisse aufkommen und mache deutlich, welches Gehalt und welche Bedingungen ich mir vorstelle.

c) Ich stelle meine Qualitäten dar und höre zu, um noch mehr über die offene Stelle zu erfahren. Erst die Einladung zum Zweitgespräch ist meine Eintrittskarte für eine Erfolg versprechende Gehaltsverhandlung.

### 5. Der neue Chef sagt Ihnen in der Gehaltsverhandlung: »Wir können Ihnen ein Gehalt zwischen 40 000 und 45 000 Euro bieten. Einverstanden?« Wie reagieren Sie?

a) Natürlich gehe ich auf die höhere Zahl ein: 45 000 Euro!

b) Ich nehme begeistert an!

c) Das »Einverstanden?« werte ich als Angebot, über die 45 000 hinaus zu pokern.

**6. Nach dem Bewerbungsgespräch flattert Ihnen ein schriftliches Angebot ins Haus. Wie verhalten Sie sich?**

a) Ich sage nur dann zu, wenn die Bedingungen wirklich stimmen. Sonst lehne ich dankend ab.

b) Ich freue mich, dass ich den Job bekomme!

c) Ich sage zu, wenn die Bedingungen stimmen, und verhandle nach, wenn ich noch nicht einverstanden bin.

**Auswertung**

Was haben Sie am häufigsten angekreuzt?

a) **Lauwarm:** Sie sind auf dem richtigen Weg. Ihr Selbstbewusstsein ist gut, Ihre Taktik im Gespräch lässt sich noch verbessern.

b) **Eiskalt:** Noch fehlen Ihnen für den Verhandlungserfolg das nötige Selbstbewusstsein und das nötige Fingerspitzengefühl.

c) **Heiß:** Sie wissen, was Sie wert sind, und Sie wissen auch, wie Sie Ihre Gehaltsforderung im Bewerbungsgespräch durchsetzen. Legen Sie los!

# Gehaltscoachings mit Martin Wehrle

Wünschen Sie eine individuelle Beratung für Ihr Gehalts- oder Vorstellungsgespräch? Ich lasse Sie gern von meiner Erfahrung profitieren, sowohl durch persönliche als auch durch telefonische Einzelberatung:

Martin Wehrle
www.gehaltscoach.de (viele Gehaltstricks!)

**Machen Sie Karriere …**
**… als Karriereberater**

»Die Nachfrage nach professionellen Karriereberatern nimmt stetig zu«, schreibt das *Manager Magazin*. Wir öffnen Ihnen die Tür zu diesem lukrativen Geschäftsfeld – mit der bundesweit **ersten Ausbildung zum Karrierecoach** (mit Gehalts-Modul). Ideal für alle, die ihr Karrierewissen ausbauen und weitergeben wollen. Probebuchung ohne Risiko, schauen Sie vorbei unter:

www.karriereberater-akademie.de

**Pressestimmen zu Martin Wehrle**

»Deutschlands renommiertester Gehaltscoach«

*Wirtschaftswoche*

»Sein Erfahrungsreservoir ist eine Fundgrube (…)«     *FAZ*

# Weiterführende Literatur

Sabine Asgodom, Eigenlob stimmt, Econ, 1999

Barbara Berckhan, Die etwas intelligentere Art, sich gegen dumme Sprüche zu wehren, Heyne, 2001

Eric Berne, Spiele der Erwachsenen, Rowohlt, 1970

Vera F. Birkenbihl, Psycho-logisch richtig verhandeln, MVG, 2001

Hardy Bouillon, Zielgerichtet zum Erfolg, MVG, 2000

Roger Fisher u. a., Das Harvard-Konzept, Campus, 2000

Daniel Goleman, Emotionale Intelligenz, DTV, 1997

Thomas A. Harris, Ich bin o. k., Du bist o. k., Rowohlt, 1975

Claudia Harss u. a., Tapferkeit vor dem Chef, Fit for Business, 2002

Richard Heyman, Warum haben Sie das nicht gleich gesagt?, Orell Füssli, 1998

Alan Jones, Die erfolgreiche Gehaltsverhandlung, Campus, 1993

Klaus Leciejewski u. a., Fringe Benefits, Ueberreuter, 1997

Friedemann Schulz von Thun, Miteinander reden 1, Rowohlt, 1981

Aljoscha A. Schwarz u. a., Praxisbuch NLP, Südwest, 2001

Bodo G. Toelstede, Das Verhandlungskonzept, Beltz, 1997

George Walther, Sag, was du meinst, und du bekommst, was du willst, Econ, 1992

Paul Watzlawick u. a., Menschliche Kommunikation, H. Huber, 2000

# Register

Der SPIEGEL-Bestseller von Martin Wehrle
jetzt im Taschenbuch

## Bin ich hier der Depp?
Wie Sie dem Arbeitswahn
nicht länger zur Verfügung stehen

– Leseprobe –

400 Seiten
ISBN 978-3-442-17612-0

# Vom Tod eines Freundes:

*Warum der Feierabend starb*

In diesem Kapitel erfahren Sie unter anderem ...

- warum immer mehr Firmen sich als Paradies ausgeben, aber die Hölle sind,
- wie das Märchen der Globalisierung benutzt wird, um Mitarbeiter zu verheizen,
- wie ein Chef einen Nordkap-Urlauber aufspürte und zurück in die Firma beorderte
- und wodurch Helmut Kohl zum Vorbild einer irren Arbeitssekte wurde.

### Das höllische Arbeitsparadies

Eine süße Melodie erklingt aus den deutschen Firmen, eine Melodie wie die des Rattenfängers von Hameln. Die Firmen flöten von einer modernen Arbeitswelt, in der jeder Mitarbeiter sein eigener Herr ist. Die große Freiheit soll an den Arbeitsplätzen ausgebrochen, die Selbstbestimmung eingekehrt, das Zeitalter der Schufterei beendet sein. Stellenausschreibungen, Broschüren und Vorstandsreden verheißen dem Mitarbeiter hinterm Firmentor ein gelobtes Arbeitsland, ein Paradies.

Die Hierarchien? Flach wie das Wattenmeer! Die Stechuhren? Auf dem Weg ins Museum! Der Chef? Dein Freund und Helfer! So manches Firmengebäude verwandelt sich zur Sofa-Landschaft, die Tischtennisplatte im Konferenzraum lädt ein zum Rundlauf, und wer aus der Obstschale auf dem Flur einen Apfel greift, darf das auf Kosten der Firma tun, statt dafür aus dem Paradies vertrieben zu werden; die Firmen-Götter sind gnädig.

Kein Telefonkabel, lieber Mitarbeiter, kettet Sie mehr an Ihren Schreibtisch, Sie sind frei wie der Wind. Ihre Arbeit ist geschrumpft auf Taschenformat, sie lässt sich bequem per Handy tragen. Und, bitte sehr: Picken Sie sich aus dem Arbeitsmodell-Baukasten einen Arbeitsort Ihrer Wahl, ob Heimbüro oder Südseestrand. Teilen Sie Ihren Job (Job-Sharing) oder schlafen Sie morgens bis 10 Uhr aus (flexible Arbeitszeit) – völlig in Ordnung! Kein Chef sitzt Ihnen mehr im Nacken, Sie verantworten Ihre Ergebnisse selbst.

Die Arbeitswelt ein Paradies und der Mitarbeiter ein dankbarer Bewohner: So hätten sie es gern, die Rattenfänger!

Doch wer der süßen Melodie hinters Firmentor folgt, stolpert in eine Arbeitshölle, wie sie die Welt seit dem Frühkapitalismus nicht mehr gesehen hat. Die Firmen flöten: »Du bist selbst für deinen Erfolg verantwortlich«, gemeint ist: »Der Misserfolg kostet dich den Kopf!« Die Firmen flöten: »Du kannst deine Arbeit frei einteilen«, gemeint ist: »Mach bloß nicht Feierabend, bevor alles fertig ist.« Die Firmen flöten: »Du kannst alles bei uns erreichen«, gemeint ist: »Wenn du auf der Strecke bleibst, liegt es nur an dir!«

Hinterm Firmentor wohnt das Elend. Mitarbeiter ächzen unter Arbeitslasten. Sie schuften, bis der Arzt kommt, und der Arzt kommt oft: Die Burn-out-Kliniken quellen über, sie sind zu den Seelen-Kläranlagen einer zum Himmel stinkenden Arbeitswelt geworden. Zwischen 2005 und 2011 haben sich die Krankheitstage wegen Burn-out verelffacht, auf 2,7 Millionen. Berufsleben statt Leben, Überstunden statt Feierabend, Dauerstress statt Entspannung: Millionen Mitarbeiter strampeln in diesem Hamsterrad. Das Hobby ist nur noch Erinnerung, die beste Freundin eine Adresse im Notizbuch und die Ehe womöglich ein Fall für den Scheidungsanwalt.

Frei ist sie tatsächlich, die moderne Arbeitswelt, aber nur frei von Berechenbarkeit: Wer jahrzehntelang beste Arbeit leistet, kann über Nacht für die Rendite rausgekegelt werden; frei von Gerechtigkeit ist sie: Die Reallöhne der Mitarbeiter sind zwischen 2000 und 2012 um 1,8 Prozent gesunken, während die Unternehmensgewinne durch die Decke schießen; und frei ist sie von einer Abgrenzung zum Privatleben: Der Feierabend ist kein Schlusspfiff mehr, nur noch Auftakt zur Verlängerung; Mitarbeiter stehen rund um die Uhr zur Verfügung, Freizeit verkommt zur Rufbereitschaft.

Gesunde Menschen gehen rein in die Firmen, und kranke kommen raus. Die Fließbänder der schönen neuen Arbeitswelt produzieren Volksleiden wie Bluthochdruck, ADHS und Burnout. Allein 2011 musste die AOK für die Behandlung psychischer Erkrankungen 9,5 Milliarden Euro in die Hand nehmen, eine Milliarde mehr als im Vorjahr.

Der Mitarbeiter ist Gehetzter und Verletzter, Sklave und Einpeitscher zugleich. Beschossen mit Mails, bombardiert mit Projekten, behelligt von Anrufen, überfordert von Zielen – so rotiert er um die eigene Achse.

Das Drehbuch der seelischen Überforderung wird von Managern geschrieben: Wie sollen Mitarbeiter die Qualität ihrer Arbeit erhöhen, wenn zugleich immer weniger Zeit dafür bleibt? Wie sollen sie größere Arbeitsmengen bewältigen, wenn zugleich immer mehr Planstellen ausradiert werden? Und wie sollen sie loyale Diener ihrer Firma sein, wenn diese Firma sich ihrer nur bedient, sie als Zeitarbeiter hinhält, als Überstunden-Sklaven ausbeutet, mit Hungerlöhnen abspeist?

Arbeit ist heutzutage das, was niemals fertig wird. Schon gar nicht vor Feierabend. Fertig sind nur die Arbeitnehmer. Mit ihren Nerven.

 **Hamsterrad-Regel:** Die Firma verspricht viel, wenn der Tag lang ist, aber wahr macht sie nur eines: *dass* der Tag lang ist.

## Eine Schwalbe macht noch keinen Burn-out

Firmen funktionieren in etwa so: Einer schafft Geld ran, man nennt ihn Mitarbeiter, und einer sackt Geld ein, man nennt ihn Unternehmer. Entsprechend begehrt sind Arbeitnehmer, sie werden als »Humankapital« gepriesen, als »Mitunternehmer« umschmeichelt, als »High Potentials« umworben. Im Krieg der Moderne wird nicht mehr um Lebensraum, sondern um die besten Mitarbeiter gekämpft (»War for Talents«).

Dass die Betonung bei »Humankapital« nicht auf »human« liegt, wird spätestens deutlich, wenn ein Mitarbeiter erkrankt. Zwar bekommt man für den Herzinfarkt noch immer einen Tapferkeitsorden, sofern man ihn sich durch eifrigen Arbeitseinsatz verdient hat und den Laptop mit auf die Intensivstation nimmt. Aber Krankheiten, die den Geist betreffen, gelten als Geistererscheinung.

»Burn-out« – dieses Wort hat unter Vorgesetzten eine ähnliche Bedeutung wie »Schwalbe« unter Fußballschiedsrichtern. Das stelle ich immer wieder im Austausch mit Managern fest.

Neulich sprach mich nach einem Vortrag der Leiter eines Logistikunternehmens an und fragte, ob Überlastung durch Arbeit nicht doch die große Ausnahme sei.

Ich fragte zurück: »Erzählen Sie mal von Ihrer Firma – gibt es dort Burn-out-Fälle?«

»Wenn es einen gäbe, der unter der Arbeit zusammenbrechen müsste, dann doch ich! Aber Sie sehen ja: Es geht mir gut! Darum kann ich mir nicht vorstellen, dass sich in meiner Firma irgendjemand kaputt arbeitet.«

»Niemand leistet Überstunden bei Ihnen?«

»Ich kann den Leuten doch nicht vorschreiben, wann sie Feierabend machen! Wenn einer länger als acht Stunden arbeiten will, dann steht ihm das frei.«

Ich versuchte es mit Ironie: »Kann es sein, dass auffällig viele Mitarbeiter ›wollen‹?«

»Klar«, antwortete er ernst, »die Motivation ist hoch. Wer bei uns was werden will, der hängt sich rein.«

»Und Ihnen kam wirklich noch kein Burn-out-Fall zu Ohren?«

Er verzog sein Gesicht. »Natürlich gibt es Leute, die sich mit einem Burn-out krankschreiben lassen.«

»Sie halten diese Mitarbeiter für Simulanten?«

Seine Hände machten eine wegwerfende Bewegung. »Kann man nicht jedes psychische Wehwehchen zum Burn-out aufbauschen? Es gibt doch immer ein paar Schlauberger, die sich Urlaub auf Krankenschein gönnen. Der Burn-out ist ja noch nicht mal als Krankheit anerkannt.«

»Die Ärzte nehmen ihn sehr ernst: Er läuft unter Depression. Und die geht manchmal tödlich aus!«

»Na sehen Sie! Für psychische Probleme, die jemand mit sich selber hat, können Sie doch nicht mich als Chef verantwortlich machen.«

Zweierlei ist typisch: Erstens wird die Schuld auf die Mitarbeiter verlagert. Wenn ein Mensch an der Arbeit zerbricht, hat das nicht mit der Arbeit zu tun, nur mit dem Menschen. Und zweitens stilisieren sich gestresste Chefs – gerade solche, die selbst kurz vorm Burn-out stehen – gern zum lebenden Burn-out-Gegenbeweis. Ganz nach dem Motto: Alles halb so schlimm, siehe mich!

Die Führungskräfte halten es mit dem scharfzüngigen Kritiker Karl Kraus: »Eine der verbreitetsten Krankheiten ist die Diagnose.« Das befreit sie von der moralischen Pflicht, den Druck zu mindern und ihre Mitarbeiter zu schützen.

Solche Gespräche führen dazu, dass ich Fakten auf den Tisch lege: Warum leisten die Deutschen so viele Arbeitsstunden wie seit 20 Jahren nicht mehr? Warum antworten acht von zehn Mitarbeitern laut einer Bitkom-Umfrage auf dienstliche Mails sogar im Urlaub und in der Freizeit? Und welche Erklärung gibt es dafür, dass sich die Zahl der psychischen Erkrankungen seit 1994 um 120 Prozent erhöht hat? Wie der Wasserdampf einen Teekessel zum Pfeifen bringt, so treibt der Arbeitsdruck die Mitarbeiter über ihre natürliche Leistungsgrenze hinaus – und hinein in Krankheiten!

Angesichts solcher Argumente zucken Unternehmer mit den Achseln und berufen sich auf eine höhere Macht. Woran liegt es, dass die Billiglöhne Deutschland erobern? An der Globalisierung! Woran liegt es, dass der moderne Mitarbeiter für zwei arbeiten muss, auch wenn ihm nur halbe Sicherheit geboten wird, etwa durch einen befristeten Vertrag, wie ihn bereits jeder dritte Hochschulabsolvent in Kauf nehmen muss? An der Globalisierung! Und woran liegt es tatsächlich, dass Chefs immer eine Ausrede haben, wenn sie Mitarbeiter ausbeuten? An der Globalisierung!

Das Globalisierungs-Gejammer der Firmen ist das größte Märchen seit »Hänsel und Gretel«, nur dass diesmal keine Hexe in den Ofen geschoben wird, sondern Mitarbeiter verheizt werden. Immer länger, immer härter, immer billiger sollen sie arbeiten. Das verlangen nicht die Chefs, die guten – das »verlangt« die Globalisierung, die böse!

Doch während sich die Mitarbeiter im Hamsterrad kaputt strampeln, mit Niedriglöhnen durchschlagen und um ihre Jobs zittern, steigt in der Chefetage eine rauschende Globalisierungs-Party: Die Firmen machen so viel Geld wie nie zuvor, die Umsätze prasseln von allen Kontinenten in die Kasse. Der Anteil der deutschen Unternehmen an der weltweiten Industrieproduktion ist im letzten Jahrzehnt von 7,6 auf 8,1 Prozent geklettert, der Anteil an den weltweiten Exporten von 12,1 auf 14,3 Prozent.

Den Segen der Globalisierung, die höchsten Gewinne aller Zeiten, schaufeln die Firmen in die eigene Tasche. Den Fluch der Globalisierung, die gestiegene Arbeitslast, überlassen sie großzügig ihren Mitarbeitern – sprich jenen Restbeständen, die den Rotstift überlebt und jetzt für ihre geschassten Kollegen mitzuarbeiten haben.

So süß die Flöte des Rattenfängers auch klingt: Was sie spielt, ist nicht die Wahrheit. Und wer ihr folgt, läuft in sein Verderben – nur dass der Berg, in den er geführt wird, diesmal ein Arbeitsberg ist.

**Hamsterrad-Regel:** Wenn die Axt einen Baum fällt, ist der Baum nicht hart genug! Wenn die Arbeit einen Mitarbeiter fällt, ist der Mitarbeiter nicht belastbar genug!

## Deppen-Erlebnisse

### Wie ich nach Feierabend auf den Kopf fiel

Der Unfall passierte, weil ich todmüde war: Statt auf den Stuhl, den ich hinter mir wägte, setzte ich mich auf den Hosenboden. Das wäre lustig gewesen, doch mein Kopf schlug krachend auf den Boden des Büros. Direkt danach musste ich mich übergeben. Gehirnerschütterung! Eigentlich ein Arbeitsunfall, das Blöde war nur: Jetzt, um 20.30 Uhr, hätte ich schon längst nicht mehr in der Firma sein dürfen. Und ich war auch nicht mehr da, wenigstens nicht offiziell: Da unser Betriebsrat streng darauf achtete, dass niemand länger als zehn Stunden am Tag arbeitete, hatte unser Chef folgende Praxis eingeführt: Wir stempelten uns nach der regulären Arbeitszeit aus – um direkt wieder an unseren Arbeitsplatz zu eilen, als abwesende Anwesende. Diese Praxis war immer dann üblich, wenn der Arbeitsdruck hoch war. Und das traf auf zwei von drei Monaten zu, Tendenz steigend.

Doch wie sollte ich einen Arbeitsunfall geltend machen, obwohl ich laut Stempelkarte gar nicht mehr in der Firma war? Mein Chef redete mit Engelszungen auf mich ein, ich sollte den Unfallort nach Hause verlegen, sonst bekäme er Ärger mit dem Betriebsrat. Ich ließ mich breitschlagen.

Meine Frau war außer sich, dass der Unfall ausgerechnet dorthin verlegt wurde, wo ich mich unter der Woche nie vor den »Tagesthemen« hatte blicken lassen: in unsere Wohnung. Außerdem fragte sie: »Und was ist, wenn deine Krankenkasse herausbekommt, dass es in Wirklichkeit ein Arbeitsunfall war? Dann bleibst du am Ende auf den Behandlungskosten sitzen!«

Wochenlang war ich von der Arbeit nicht pünktlich nach Hause gekommen. Aber nun, da ich mit meiner Gehirnerschütterung zehn Tage krankgeschrieben war, kam die Arbeit pünktlich zu mir ins Haus, per Mail: Mein Chef bat mich, auch während der Krankheit »mal einen Blick« auf diverse Vorgänge zu werfen. Dieser »Blick« hat im Durchschnitt über acht Stunden gedauert.

Am Ende wusste ich gar nicht, wovon mein Schädel brummte – ob von der Arbeit oder davon, dass ich auf den Kopf gefallen war. Aber wo lag eigentlich der Unterschied?

*Peer Anderson, Analyst*

## Wie ich im Lager meiner Firma übernachten musste

Die Einbrecher kamen in der Nacht zum Freitag und räumten das Warenlager unseres Fachgeschäftes aus. Es war schon der zweite Einbruch in den letzten sechs Monaten. Der Bereichschef nahm mich zur Seite: »Frau Nester, es macht sich nicht gut, dass Ihre Filiale immer wieder durch Einbrüche auffällt!«

»Das klingt ja wie ein Vorwurf! Aber was kann ich dafür? Wir beachten alle Sicherheitsvorschriften.«

»Sie müssen sich etwas einfallen lassen, um die Einbrecher besser abzuschrecken.«

»Ich hatte Ihnen ja schon vorgeschlagen, einen Wachdienst anzuheuern.«

»Zu teuer.«

»Und eine bessere Alarmanlage?«

»Das bringt nichts. Die waren ja immer schon weg, wenn die Polizei kam.«

Dann rückte er mit der Sprache raus, womit er die Einbrecher abschrecken wollte: mit mir! Er bat mich, »gelegentlich« im Lager zu übernachten, vor allem von Freitag auf Samstag; er würde mir dort auch ein Bett und einen Fernseher aufstellen lassen.

Mich überkam Panik. »Ich bin eine schmächtige Frau! Was soll ich allein gegen Einbrecher ausrichten?«

»Die laufen davon, wenn sie jemanden im Lager brüllen hören. Und außerdem haben Sie ja eine Waffe bei sich.«

»Ich soll eine Pistole ...?«

Er schüttelte den Kopf. »Ihr Handy!«

Aber hatte er nicht gerade noch gesagt, die Polizei komme immer zu spät?

Mein Mann und ich hatten gerade gebaut, ich war auf mein Gehalt angewiesen. Der Chef bequatschte mich so lange, bis ich nachgab. An Freitagen bedeute das: Statt um 21 Uhr nach Hause zu fahren, wie sonst, blieb ich in der Firma. Und am nächsten Morgen um 7.00 Uhr, wenn die Arbeit wieder losging, war ich schon da.

Mein Mann war so besorgt um mich, dass er die meisten Nächte mit mir in der Filiale verbrachte. Das Lager war ein gruseliger Schlafplatz. Dauernd knisterte und knackte es. Wir schreckten hoch aus dem Schlaf wie Kinder aus Alpträumen, denn wir rechneten ja jede Sekunde mit einem Einbruch. Die Einbrecher sind nie mehr gekommen. Eingebrochen ist dafür meine Gesundheit. Nach acht Monaten war ich psychisch am Ende, weil mir jeder Abstand zur Arbeit abhandengekommen war. Auch unter der Woche hatte ich immer öfter in der Firma übernachtet, weil ich zu müde für den Heimweg gewesen war.

Mein Arzt zog mich aus dem Verkehr und verschrieb mir eine Kur. Die Firma hat mir nicht mal einen Blumenstrauß geschickt.

*Sylvia Nester, Filialleiterin*

## Ein Anruf am Nordkap

Wenn in der Antike ein Sklave bestraft wurde, ließ man ihn auspeitschen, bis das Blut floss. Heute foltern Chefs ihre Mitarbeiter mit einem feineren Instrument: dem Vorwurf. Der schlimmste aller Vorwürfe lautet: »Sie machen Dienst nach Vorschrift!« Zwar könnte man meinen, Handeln »nach Vorschrift« sei etwas Korrektes, gar die Erfüllung eines Vertrages, aber so ist das nicht. Solche Mitarbeiter werden von Chefs gern als »Beamte« bezeichnet – womit nicht »treuer Diener des Firmenstaates«, sondern »elender Faulpelz« gemeint ist.

Vielleicht heißen »Arbeitnehmer« so, weil sie Nehmer-Qualität brauchen: So wie gute Boxer viele Schläge einstecken und abfedern müssen, so soll der heutige Mitarbeiter immer neue Arbeitshiebe verkraften, ohne dabei K.o. zu gehen. Auf die Uhr darf er nur morgens schauen, um pünktlich im Büro zu sein – doch keinesfalls abends, um pünktlich zu gehen.

»Pünktlich« kommt von »Punkt«. Der Punkt hinter der Arbeit, der sie beendet bis zum nächsten Morgen, bis nach dem Wochenende, bis nach dem Urlaub: Die Firmen wollen ihn ausradieren. 24 Stunden am Tag brodelt ihr Arbeits-Vulkan, er sprüht Aufträge, Nachfragen, Projekte. Und seine Lava wälzt sich gnadenlos ins Privatleben der Mitarbeiter, sie dringt durch alle Ritzen, verbrennt ihre Freizeit, verschmort ihre Hobbys, drängt ihre Familien ins Hinterland zurück.

Selbst ein ruhender Arbeits-Vulkan ist kein beruhigender Anblick: Jederzeit kann er ausbrechen! Das kündigen die Seismographen der Mitarbeiter an, die stets mitzuführen sind: Laptop, Handy, Blackberry.

Diese Statussymbole von einst zeugen nur noch vom Status

der ständigen Verfügbarkeit: Stand-by. Jeder Arbeitnehmer ein Detektiv Rockford – Anruf genügt!

Dass die Aschewolke des Arbeits-Vulkans sogar die Urlaubssonne verfinstern kann, musste Jan Becker erfahren, Produktmanager eines Unternehmens in Schleswig-Holstein. Er war mit seiner Frau und seiner fünfjährigen Tochter im Wohnmobil ans Nordkap gefahren, um Abstand zu gewinnen; in den letzten Monaten hatte er oft zwölf Stunden am Tag geschuftet. Sein Diensthandy hatte er zu Hause gelassen, den Laptop auch. Die Arbeit sollte ihn nicht einholen. Nicht hier, wo das Summen der Mücken wie eine süße Melodie der Ewigkeit durch die Mittsommernacht vibrierte. Nicht hier, wo die sprudelnden Flüsse seine Sorgen davonschwemmten, wenn er lange genug in ihr klares Wasser schaute, und ihre Lebendigkeit auf ihn übertrugen.

Doch dann zog die Vulkanwolke auf: Seine Frau nahm ein Handygespräch an, schaute wie bei einer Todesnachricht – und reichte den Anruf an ihn weiter. Es war sein Chef:

»Entschuldigen Sie, Herr Becker – wir haben hier einen Notfall in der Firma.«

Jan Becker holte tief Luft: »Woher, bitteschön, haben Sie die Nummer meiner Frau?«

»Ich habe die letzten sechs Nummern in Ihrem Telefon-Display angewählt. Mit der letzten hatte ich Erfolg.«

»Sie haben wahllos die Nummern durchgewählt?«

»Ich wusste, dass Sie Ihr Handy nicht dabeihaben. Die Nummer Ihrer Frau kannte ich nicht. Was hätte ich tun sollen?«

Jan Becker dachte: Zum Beispiel, meinen Urlaub respektieren! Doch er biss sich auf die Zunge und fragte, um welchen »Notfall« es sich handele.

»Ein Kollege ist erkrankt. Sie müssen seine Präsentation übernehmen.«

»Aber Sie erwarten doch nicht von mir, dass ich erst eine Woche ans Nordkap fahre – und dann eine Woche wieder zurück, ohne am Urlaubsziel zu bleiben!«

»Nein, das sollen Sie nicht«, sagte der Chef.

Jan Becker wollte schon durchatmen, da fügte sein Vorgesetzter hinzu: »Die Präsentation ist übermorgen – Sie müssen nach Hause *fliegen*. Natürlich auf Kosten der Firma.«

Was juckt es die Firma, ob ein Mitarbeiter im Urlaub ist! Was juckt es sie, ob er seine Frau und seine Tochter alleine in einem Wohnmobil Tausende von Kilometern nach Hause fahren lassen muss! Völlig egal, ob die Freizeit des Mitarbeiters zerschlagen und seine Ehe gefährdet wird – Hauptsache, er steht Gewehr bei Fuß, sobald die Arbeit ruft.

Am meisten ärgerte es Jan Becker, dass man die Präsentation locker um zehn Tage hätte verschieben können. »Aber das kann ich dem Kunden nicht zumuten«, erklärte der Chef. Nach außen, gegenüber dem Kunden, war er höchst feinfühlig. Aber wie sprang er mit seinem Mitarbeiter um? Wer auf der Gehaltsliste steht, ist der Depp.

Eine Umfrage der Technischen Universität München ergab: Neun von zehn Führungskräften fühlen sich in ihrer Freizeit gestresst, weil sie ständig über ihr Smartphone erreichbar sind. 84 Prozent schalten das Gerät nicht einmal im Urlaub ab. Unter Mitarbeitern dürfte die Quote ähnlich hoch sein.

Dass der moderne Mensch sein Leben um die Arbeit baut, wie man einst die Dörfer um den Schlossberg baute, ist für Firmen selbstverständlich geworden. Ob ein Paar Kinder bekommt, hängt nicht zuletzt davon ab, ob die Firma einen sicheren Arbeitsplatz bietet – oder nur wacklige Zeitarbeit. Ob ein Mensch am Ort seiner Wahl lebt, hängt davon ab, ob ihn sein Arbeitgeber dort leben lässt – oder ans andere Ende der Welt kommandiert. Und ob einer um 22 Uhr das Bett mit seiner Liebsten teilt oder das Büro mit den nervenden Kollegen, ob er zärtliche Küsse tauscht oder hässliche Mails hängt davon ab, ob »Feierabend« in seiner Firma noch bekannt oder schon ein Fremdwort ist.

Immer mehr Mitarbeiter begreifen: Anstelle der Arbeitskraft, die sie verkaufen wollten, haben die Firmen ihr ganzes Leben genommen. Ihnen geht auf, dass die Stechuhr nicht ihr Feind war, weil sie ein Unterschreiten der Arbeitszeit verhinderte, sondern auch ihr Freund, weil sie einem Überschreiten vorbeugte. Und sie durchschauen die modernen Medien als modernen Fluch: Der digitale Arm des Chefs kann sie überall greifen, ob im Schlafzimmer, auf dem Tennisplatz oder am Nordkap.

Der Arbeits-Vulkan brodelt, zischt, stößt Asche aus. Das Privatleben wird immer unsichtbarer. Wir leben in Zeiten des abnehmenden Lichts.

 **Hamsterrad-Regel:** Im Urlaub darf der Mitarbeiter tun, was ihm wirklich am Herzen liegt: Seine Arbeit fortsetzen!

### Der Propaganda-Minister empfiehlt ...

Die Fernsehzuschauer wussten nicht, wer heimlich Regie führte, als ihnen die ARD-Vorabendserie »Marienhof« folgende Szene präsentierte: Ein Disput zwischen dem Drogerie-Besitzer Thorsten Fechner und seiner Verkäuferin Jenny Deile. Der Chef fordert seine Mitarbeiterin auf, sie solle »heute Abend ein, zwei Stündchen dranhängen«, aus aktuellem Anlass: »Durch einen Konkurs ist mir ein sehr günstiger Posten Damenwäsche zugegangen, der sofort gelistet werden muss.«

Die Verkäuferin wehrt ab: »Ein, zwei Stündchen! Herr Fechner, ich habe Kinder zu Hause!«

Der Chef empfiehlt, Frau Deiles Freund solle früher nach Hause kommen und sich um die Kinder kümmern. Die Mitarbeiterin weist das zurück. Herr Fechner holt tief Luft und redet ihr ins Gewissen: »Schade, Frau Deile! Wenn Sie immer nur Dienst nach Vorschrift schieben, dann werden Sie es nie weit bringen! Und das ausgerechnet jetzt, wo ich mir überlege, Sie von der Zeitarbeitsfirma in eine Festanstellung zu übernehmen!«

Diese Worte bringen die Erleuchtung: Das Gesicht von Frau Deile hellt sich auf. Im Ton einer Bekehrten trällert sie: »Das freut mich ja auch, Herr Fechner, aber ob es heute Abend schon geht? Ich werde es versuchen!«

Mindestens vier Botschaften blieben beim Fernsehzuschauer hängen:

1. Der Wille einer Mitarbeiterin gilt nur so lange, bis der Chef etwas anderes will.
2. Das Listen von Damenwäsche ist wichtiger als die Erziehung von Kindern.
3. Überstunden sind die normalste Sache der Welt – wer sie verweigert, kann seine Karriere knicken.
4. Zeitarbeiterinnen müssen ihrem Chef die Füße küssen, wenn er nur das Wort »Festanstellung« in den Mund nimmt (und es womöglich am nächsten Morgen wieder vergessen hat).

Erst wenn der Rubel der Firma rollt, die letzte Unterhose gelistet, der Mond aufgegangen und der Chef zufrieden ist – erst dann darf die Mutter nach Hause gehen. Und sich um Nebensächlichkeiten, sprich, ihre Kinder, kümmern.

Aber wie gelang diesem Raubtier-Kapitalismus, dieser billigen Überstunden-Propaganda der Sprung ins Fernsehprogramm? Die Initiative Soziale Marktwirtschaft hatte nachgeholfen – mit 58 670 Euro. So viel Geld ließ es sich die Arbeitgeber-Initiative kosten, ihre ideologische Schleichwerbung in die Drehbücher zu schmuggeln, darunter auch Loblieder auf die Zeitarbeit. Das Ziel dieser Vorabend-Propaganda liegt auf der Hand: Die gesellschaftlichen Maßstäbe sollen verschoben und die Rechte der Arbeitnehmer ausgehöhlt werden.

»Es gibt große Worte, die so leer sind, dass man ganze Völker darin gefangen halten kann«, schrieb der polnische Autor Stanislaw Jerzy Lec – das gilt auch für Völker zweibeiniger Arbeitsbienen! Hier kamen diese Worte nach dem Prinzip des Werbespots zum Einsatz. Am Anfang steht das Problem: Frau Deile ist trotzig und will die Überstunden verweigern – ein Berg schmutziger Wäsche, der gereinigt werden will. Und dann wird die Lösung präsentiert – hier kein Waschmittel, sondern eine Gehirnwäsche durch den Chef. Er manipuliert seine Mitarbeiterin, indem er ihr erst Angst einjagt und dann Hoffnung macht. Und diese Gehirnwäsche reinigt die Bedenken – typisch Werbung! – »weißer als weiß«; die Mitarbeiterin lehnt Überstunden nicht mehr ab, sondern verspricht: »Ich werde es versuchen!«

Als die Schleichwerbung aufgeflogen war, gab sich die Arbeitgeber-Initiative nicht sonderlich zerknirscht: Die Themenauswahl sei »selbst bei kritischer Betrachtung ideologiefrei«

gewesen und habe außerdem »auch dem Bildungsauftrag des öffentlich-rechtlichen Rundfunks« entsprochen. Wenn das stimmt, muss das Listen von Damenwäsche demnächst neben Goethes »Faust« in den Lehrplänen stehen – oder besser anstelle, damit niemand mehr nach des Pudels (oder der Schleichwerbung) Kern fragt!

Nicht nur im Fernsehen, sondern auch im Alltag senden Chefdarsteller mit Vorliebe die Botschaft: Wer noch Arbeit hat, soll so froh darüber sein, dass er nicht auf die Uhr und erst recht nicht auf seine vertraglichen Rechte schaut. Als wäre es unanständig, Überstunden abzulehnen, und nicht, sie ohne Grundlage zu fordern.

Pünktlich Feierabend machen heißt heutzutage: sich verdächtig machen! Im Mitarbeitergespräch sagt der Chef mit drohendem Unterton: »Mir fällt auf, dass Sie immer pünktlich Feierabend machen – warum eigentlich?« Eine vernünftige Antwort wäre: »Weil wir es exakt so im Vertrag vereinbart haben! Wenn die Firma will, dass ich jeden Tag zehn Stunden arbeite und nicht acht, dann muss sie mit mir auch einen Vertrag über zehn Stunden abschließen. Und dann muss sie mir auch zehn Stunden bezahlen.«

Warum hat Frau Deile eigentlich nicht so geantwortet? Weil die Mitarbeiter mal wieder die Deppen sind – und keine 58 670 Euro für Schleichwerbung in der Tasche haben!

 **Hamsterrad-Regel:** Im Laufe eines Arbeitstages werden Firmen immer großzügiger: Jene Pünktlichkeit, die sie beim Arbeitsstart noch fordern, wird Mitarbeitern zum Feierabend erlassen.

## Mit Helmut Kohl im Freizeitpark

Helmut Kohl, der ewige Kanzler, hatte von der Arbeitsmoral seines Volkes keine hohe Meinung: Er bezeichnete Deutschland 1993 als kollektiven »Freizeitpark«. Das klang, als machten die Mitarbeiter pausenlos Urlaub, in der Firma und außerhalb.

Die visionäre Kraft dieses Kanzlerwortes wurde von Managern erst später erkannt. Mit dem Internet-Boom zur Jahrtausendwende hat eine neue Ära der Arbeit begonnen: Immer mehr Firmen machen tatsächlich auf Freizeitpark, inspiriert von US-Arbeitgebern wie dem Suchmaschinen-Giganten Google. Sie schleppen Tischtennisplatten herbei, richten Fitnessstudios ein, verteilen Kicker über die Flure. So viele Gemälde hängen an den Wänden, dass kein Mensch mehr ins Museum muss. Der Nachwuchs wird im firmeneigenen Kindergarten versorgt, das reparaturbedürftige Auto direkt vom Firmengelände abgeholt, der Lebensmittel-Einkauf auf Wunsch erledigt. Und wenn es irgendwo zwickt oder drückt, springt sofort der Betriebsarzt herbei.

Das Firmengebäude gleicht einem Verwöhn-Tempel: Ein Masseur knetet Verspannungen weg. Sanfte Musik flutet die Aufenthaltsräume. Sessel laden zum Dösen ein, Flipperautomaten zum Spielen, exotische Leinwände zum Träumen. Überall stehen Schalen mit Obst und Karaffen mit frisch gepressten Säften. Das Gebäude riecht nach Kaffee, nach Plätzchen, nach Freizeit – aber nicht nach Arbeit.

Die Firma als persönlicher Diener ihrer Mitarbeiter: als Kuschelecke, als Gratisrestaurant, als Freizeitpark.

Mit dieser Tarnung verfolgen Unternehmen einen knallharten Zweck: So bequem soll es sein in ihren heiligen Hallen, so heimelig und so luxuriös, dass der Mitarbeiter gar nicht mehr nach

Hause will! Denn was hat ihm im Vergleich dazu seine Zwei-Zimmer-Wohnung zu bieten, mal abgesehen von einer unausgeräumten Spülmaschine, einem überquellenden Briefkasten und einer schon mehrfach angemahnten Einkommenssteuererklärung?

Sogar Familienväter und –mütter ziehen es oft vor, die Arbeitsbesprechung mit den Kollegen um 20.00 Uhr im Fitnessraum fortzusetzen, statt sich zu Hause nerven zu lassen vom Kindergeschrei, vom Rasenmäher des Nachbarn und von den ewig selben Vorwürfen des Partners: »Warum kommst du erst jetzt heim? Ist dir die Arbeit wichtiger als ich?«

Der moderne Arbeitsplatz ist ein Fliegenfänger: Mit seinem süßen Duft lockt er die Mitarbeiter an – und dann bleiben sie kleben. Gerne 60, 70 Stunden pro Woche. Die Angestellten lassen sich auf einen psychologischen Vertrag mit der Firma ein, aber sie lesen nur die Vorderseite: »Arbeit ist bei uns wie Freizeit.« Auf der Rückseite übersehen sie den Umkehrschluss: »Freizeit ist bei uns wie Arbeit«!

Wenn die Grenze zwischen Freizeit und Arbeit, zwischen Kollegen und Familie verwischt, dann ist der Mitarbeiter seiner Arbeit so schutzlos ausgeliefert wie ein Soldat dem *Friendly Fire:* Vor Angriffen des Gegners geht man in Deckung. Doch mit Attacken aus den eigenen Reihen rechnet man nicht und wird voll getroffen.

Die Rechnung der Firmen ist einfach: Wenn der Mitarbeiter jeden Tag zwei Gläser Saft trinkt und zwei Äpfel isst, kostet das schlappe zwei Euro. Wenn er jedoch zwei unentgeltliche Arbeitsstunden im Gegenzug spendiert, kann das locker 120 Euro bringen – ein gutes Geschäft! Und auch das Fitnessstudio rechnet sich schnell, wenn der Mitarbeiter am Samstag oder während seines Urlaubs nicht nur *dort* vorbeischaut (45 Minuten), sondern gleichzeitig im Büro (mindestens 90 Minuten).

Die Firma gaukelt eine Ersatzfamilie vor, unter anderem durch Chefs, die sich von jedem duzen lassen, auch von der Putzkolonne. Doch merkwürdigerweise driften alle Gespräche, ob im Massagesessel oder im Fitnessstudio, immer zum selben Thema: zur Arbeit. Wie ist der Stand des Projektes? Wer kennt einen Kontaktmann bei diesem Zulieferer? Wie ließe sich diese Präsentation noch aufhübschen?

Schnell beugen sich die Köpfe wieder über einen Laptop, schnell werden neue Mails abgefeuert, Lieferanten angerufen, Strategien entwickelt, Tagungen gebucht, Meetings für 19.30 Uhr anberaumt. Die vermeintliche Freizeit ist nur ein Anlauf für den nächsten Sprung in die Arbeit.

Und der Chef spielt lediglich so lange Kumpel, bis die erste Abmahnung wieder an die wahren Machtverhältnisse erinnert. Und wie verträgt es sich eigentlich, dass die Bosse im Freizeitpark den Teamgeist beschwören und die Gleichheit predigen, während sie selbst in den schönsten Büros residieren, die dicksten Dienstwagen fahren und sich über die größte Zahl auf dem Gehaltszettel freuen?

Wen solche Zweifel beschleichen, der bekommt Probleme. Denn im Freizeitpark entstehen oft Arbeits-Sekten, mit dem Chef als Guru. Wer Mitglied sein will, muss ums goldene Firmen-Kalb tanzen. Wehe dem, der seine Freunde außerhalb der Firma sucht, pünktlich Feierabend macht oder einsam durch Wälder joggt, statt sich von Laufband zu Ergometer über den Stand des Projektes auszutauschen!

Ein solcher Judas wird mit der Höchststrafe belegt: Er fliegt aus der Sekte. Und spätestens im Kündigungsschreiben hat er seinen Chef als Duzfreund verloren: »Leider müssen wir uns von *Ihnen* trennen!«

Am Ende wird der Ausgestoßene mit dem Philosophen Karl Popper erkennen: »Der Versuch, den Himmel auf Erden zu verwirklichen, produzierte stets die Hölle.« Das gilt erst recht für vorgetäuschte Himmel!

 **Hamsterrad-Regel:** Wer seine Freizeit in der Firma verbringt, bringt es im Leben zu mehr. Zum Beispiel zu: Herzinfarkt, Hörsturz, Burn-out.

## Deppen-Erlebnisse

### Wie mein Chef ein Überstunden-Rennen veranstaltete

Mein Chef war mit seiner Versicherungsfiliale verheiratet. Egal, wie früh man kam, er war schon da. Egal, wie spät man ging, er blieb länger. Wer sich von ihm verabschieden wollte, wurde meist noch für einen »kurzen Gefallen« eingespannt. »Kurz« hieß: nicht unter einer Stunde. Überstunden sah er gerne, denn sie wurden nicht bezahlt.

Bei einer Teamrunde verblüffte er uns mit einem Vorschlag: Er wollte eine »Ü-Prämie« einführen, eine Prämie für Überstunden. Der fleißigste Mitarbeiter sollte am Jahresende belohnt werden. Alle waren aufgefordert, ihre Überstunden zu erfassen und sie ihm am Monatsende mitzuteilen. »Damit Sie Ihre Chance auf die Prämie wahren«, sagte er. Als hätte es sich bei den Überstunden-Zetteln um Lottoscheine gehandelt – und nicht um ein raffiniertes Instrument der Kontrolle!

Natürlich erzeugte das Druck: Wer bislang keine Überstunden gemacht hatte, kniete sich rein, nur um am Monatsende keine »Nullnummer« abliefern zu müssen. Und die ohnehin Überstunden-Geilen spielten bei Feierabend das Spiel: Wer sich zuerst (nach Hause) bewegt, hat verloren!

Am Ende des ersten Monats hing im Gemeinschaftraum ein Zettel aus, auf dem alle 35 Mitarbeiter unserer Filiale gelistet waren. Ganz oben, an der Tabellenspitze, standen die Kandidaten mit den meisten Überstunden. Und ganz unten, im Tabellenkeller, fanden sich alle, die ihre reguläre Arbeitszeit nicht mindestens um eine zweistellige Stundenzahl übertroffen hatten.

Die einen schämten sich. Die anderen waren stolz. Ein regelrechter Wettkampf begann: Jeder wollte ein paar Tabellenplätze gutmachen! Am Ende des Jahres hatte der strebsamste Kollege 700 Überstunden gesammelt. Dafür bekam er bei einer feierlichen Zeremonie die »Ü-Prämie« ausgehändigt: 1500 Euro. Der Chef tat großzügig. Dabei entsprach die Prämie nur einem (Über-)Stundenlohn von gut zwei Euro – etwa ein Sechzehntel dessen, was der Mitarbeiter regulär hätte verdienen müssen!

Und alle anderen, auch ich, hatten ihre Überstunden der Firma spendiert! Anstelle von zusätzlichem Geld bekamen wir nur den Hinweis: »Im kommenden Jahr können Sie die Ü-Prämie bekommen – strengen Sie sich einfach an!«

Wahrscheinlich stand das »Ü« doch eher für: übertölpelt!

*Jörg Eilts, Versicherungskaufmann*

## Wie die Firma meinen Heiligabend verdarb

Als Assistentin in einem Baukonzern teilte ich nicht das Millionengehalt meines Chefs, wohl aber seine Arbeitszeiten. Er betonte immer, wie gut ich es hätte, morgens erst ab 9.30 Uhr zu arbeiten, weil auch er dann erst anfing – aber er verlor kein Wort darüber, dass ich oft bis 22.00 Uhr bleiben musste, weil er dann erst aufhörte. Für ihn war es ganz selbstverständlich, dass ich sprang, wann immer er rief.

Umso mehr freute ich mich, als der Weihnachtsurlaub nahte. Zu Hause hatte ich viel nachzuholen, für das Weihnachtsfest mit der Familie war vor lauter Arbeitsstress nichts vorbereitet. Aber zum 23. Dezember bestand die Hoffnung, dass ich schon am frühen Nachmittag abschwirren konnte.

Doch ich hatte die Rechnung ohne meinen Chef gemacht: »Am 23. Dezember werden meine Kollegen und ich eine Feier für unsere Assistentinnen veranstalten – als Dankeschön für Ihren großen Einsatz!« Ich wollte mich schon freuen, da fügte er hinzu: »Wir starten um 21 Uhr, dann sind wir mit der Jahresabschlussbesprechung durch.« Und weil es so schön praktisch war, sollte die Feier nicht in einem Lokal, sondern im Gästesaal der Firma stattfinden: »Sorgen Sie für weihnachtlichen Glanz!«

Statt mein eigenes Weihnachtsfest zu Hause vorzubereiten, turnte ich also an der Decke des Gästesaals herum, um ihn zu schmücken. Auch das Essen, die Getränke, die Dekoration der Tische und das Rahmenprogramm mussten ich und meine Kolleginnen organisieren – dabei fand das Fest doch angeblich für uns statt!

Die Feier begann erst um 22.15 Uhr, die Jahresabschlussbesprechung hatte sich nach hinten verschoben. Jeder Manager sprach ein paar Lobessätze auf seine Assistentin, meist Plattheiten von der »rechten Hand«. Jede von uns bekam einen Blumenstrauß überreicht.

Danach wurden wir – angeblich die Gefeierten! – nur noch angesprochen, wenn eine neue Champagner-Flasche erwünscht, ein Teller mit Delikatessen leer war oder mal eben eine Zahl aus dem Computer benötigt wurde.

Ich werde es nie vergessen: Es war 3.27 Uhr, als ich und meine Kolleginnen die Firma endlich verließen. Vorher hatten wir den ganzen Schweinestall noch aufgeräumt. Unsere Chefs lagen derweil schon im Bett. Erst um 7.00 Uhr morgens bin ich eingeschlafen.

Es wurde 16.00 Uhr, bis ich wieder aufstand, so geschafft war ich. Und das am Heiligabend! Es war zu spät, um noch ein schönes Weihnachtsessen auf die Beine zu stellen.

Am Abend kam der Pizzaservice.

*Tania Niedermann, Assistentin*

Um die ganze Welt des
# GOLDMANN Verlages
kennenzulernen, besuchen Sie uns doch
im Internet unter:

## www.goldmann-verlag.de

*Dort können Sie*
nach weiteren interessanten Büchern *stöbern*,
Näheres über unsere *Autoren* erfahren,
in *Leseproben* blättern, alle *Termine* zu Lesungen und
Events finden und den *Newsletter* mit interessanten
Neuigkeiten, Gewinnspielen etc. abonnieren.

Ein *Gesamtverzeichnis* aller Goldmann Bücher finden
Sie dort ebenfalls.

Sehen Sie sich auch unsere *Videos* auf YouTube an und
werden Sie ein *Facebook*-Fan des Goldmann Verlags!

# Unsere Leseempfehlung

Martin Wehrle

**BIN ICH HIER DER DEPP?**

Wie Sie dem Arbeitswahn nicht länger zur Verfügung stehen

GOLDMANN

400 Seiten
Auch als E-Book
und Hörbuch
erhältlich

Überlastung, angehäufte Überstunden und keine Chance, sie jemals abzubauen – muss ich mir das wirklich gefallen lassen? Das fragen sich Millionen Mitarbeiter jeden Tag aufs Neue. Der Karriereberater und Bestsellerautor Martin Wehrle kennt den Wahnsinn in deutschen Firmen. Er zeigt auf, mit welchen Tricks Mitarbeiter ausgebeutet werden und weist Wege aus dem Hamsterrad. Nie wieder Depp sein und auf in ein selbstbestimmtes, glückliches Berufsleben!

www.goldmann-verlag.de
www.facebook.com/goldmannverlag

**GOLDMANN**
Lesen erleben